ISBN 978-0-267-08284-1
PIBN 11294298

Borerrinnerung.

Ob mir gleich bekannt ist, daß in allen und je=
den Lebensbeschreibungen der Künstler und Mah=
ler des Albrecht Dürers im guten gedacht, vieles
sehr weitläuftig von ihm abgehandelt, ja von den
mehresten nur wiederhohlet worden und sogar An.
1728. von Arend sein Leben umständlich und eigen
beschrieben, von seinen Arbeiten vieles specificirt
und An. 1759. in Knorrs Künstler Historie weit=
läuftiger verfasset und in mehreres Licht gesetzet wor=
den, so fehlet dabey in letzterem doch eine gewisse
Ordnung wornach man sich im Aufschlagen und
Nachsuchen richten könnte, es lauft alles durch=
einander; geistlich, weltlich, keines ist an seinem
Ort, ja unter mancher Nummer stehen zwey auch
drey ganz verschiedene Stücke, wo soll man nun
suchen? das ganze Werk muß durchwühlet wer=
den und da kostet es in der Geschwindigkeit Mühe
das Suchende zu finden. Von patriotischem Eifer
belebt kam ich dahero auf den Einfall selbsten einen
Catalogum über Dürers Werke zu machen, theils

weil

weil mir Knorr zu unbequem, theils weil darin=
nen nicht alles zu finden ist was ich von Dürer be=
sitze und gesehen habe und solches nach dem Plan
des mit vielem Beyfall aufgenommenen Catalogi
des Herrn Gersaint über Rembrandts Werke ein=
zutheilen.

Freylich wird mancher sagen, andere vorzu=
greifen schickt sich doch auch nicht, indeme ich in
meinen verrätherischen Briefen eines erfahrnen Ken=
ners in Leipzig, der einen Catalogum über Dürers
Werke herausgeben wollte, erwähnet habe, und
ich nun selbsten die Feder ergreife um dieses zu thun.
Da ich dabey aber nicht vor habe, sämmtliche Ar=
beiten dieses Meisters zu beschreiben, sondern nur
seine Kupfer= und Eisen=Stiche in soweit nehmlich
solche habe ergründen können, so bleibt einem an=
dern doch noch genung zu sagen übrig, wann er
Dürers Holzschnitte und diejenige Kupferstiche so
nach seinen Gemählden verfertiget worden in ein
gewisses Licht zu setzen hat. Einen jeden Artickel
in eine Vollkommenheit zu bringen, ist von meh=
rerer Wichtigkeit als man sich vorstellt, die Länge
der Jahren ist schuld daran, daß dieses Mannes
Arbeiten sich durch ganz Europa dermassen zestreuet
haben,

haben, daß es nun nicht wenig Mühe koſtet, et=
was vollkommenes hierinnen zu liefern. In allen
Sammlungen werden Blätter von ihm gefunden,
die einem Freund und in keinem Catalogum ange=
merkt ſind, ſeine Manier iſt auch von ſo vielen Aus=
ländern nachgeahmt worden, daß billig zu zweiflen
ſteht, ob alle Stücke mit ſeinem gewöhnlichen
Zeichen von ihm ſelbſten herſtammen, hierauf wird
man mir freylich verſetzen, man kann ſolches an
dem Originalen, an der Art und Weiſe ſeiner Stiche
und an mehreren A B C Dingen, wornach ein je=
der Meiſter beurtheilt wird, leicht erkennen, keine
Regel ohne Ausnahm; dieſes Sprichwort findet
auch hier ſtatt, hat nicht Marc Antonius die
Düreriſche Arbeit bis zum Betrug nachgeahmt und
darüber die bekannte Weitläuftigkeiten in Venedig
mit ihme gehabt, ja des Dürers Manier iſt nicht
allein in Italien angenommen geweſen, ſondern
hatte ſogar auch in ganz Spanien Fuß gefaßt, wie
ſolches Don Petro Antonio de la Puente in ſeinen
Briefen bezeuget, wann er pag. 258 davon ſagt:

,,Fernando Gallegos hat ſeiner Zeit ſo ſtark
,,in die Manier des Alb: Dürers gearbeitet,
,,daß beider Werke mit einander verwechſelt wor=

)(4   ,,den

„ben. Ja die Dürerische Manier, seye so allge=
„mein und so lange in Spanien angenommen ge=
„wesen, bis daß Berruguete und andere Künst=
„ler durch die Manier der Alten und des Raphaels
„von Urbino und Buonaroti aufgeklärt aus
„Italien nach Spanien zurück kamen."

Obwohlen de la Puente hier nur von der Mah=
lerey spricht, so ist doch zu vermuthen, daß die
Manier seiner Kupferstiche hierunter ebenfalls zu
verstehen seye, da solche in Spanien eben so schätz=
bar waren, als seine Gemählde, wie solches aus
bemeldtem Schriftsteller p. 187 zu ersehen ist, allwo
er schreibt:

„In dem untern Bibliothecken=Saal des
„Escurials trift man unter vielen in Kupfer ge=
„stochenen Werken auch die Dürerische an."

Die eigentlichen und älteren Nachrichten der
Spanischen Kupferstecher fehlen uns bekannter ma=
ßen, wir müssen dohero, weil wir keine genauere
haben, in diesem Fall mit de la Puente vorlieb
nehmen, da aus dem Zusammenhang sich nicht
anderst angiebt, als daß Dürers Manier in Ku=
pfersti=

pferſtichen nicht gleichen Gehalt mit der Mahlerey
ſeiner Zeit in Spanien ſollte gehabt haben.

In Teutſchland hat ſich der junge Wierx ſchon
in ſeinem 12ten Jahr ſo ſtark an Düreriſche Arbeiten gebunden, daß er lauter Bewunderung in ſeiner geſchickten Art zu copieren, bey allen Kennern
verdient hat, und noch beſonders an ihm zu loben
iſt, daß er alle ſeine Arbeiten entweder mit ſeinem
gewöhnlichen Nahmen oder ſonſten auf eine Art bezeichnet hat, wodurch er gleich in die Augen fällt
und alſo keinen Betrug geſucht, ſondern um gleich-
ſamm nur die groſſen Fähigkeiten ſeiner Jugend zu
zeigen und diejenigen zu beſchämen, die ihre ihme
nicht gleichkommende Arbeiten für Düreriſche Originalien wollten geltend machen.

Wie gefährlich demnach die Klippe war, und
wie leicht an den Originalblättern Dürers zu ſchei-
tern geweſen, ſahe ich wohl ein, um deſto mehrere
Mühe wandte ich dahero auf die Unterſuchung derſelben an, ich nicht alleine, ſondern zuverläßige
Kenner habe bey zweifelhaften Fällen zu Rathe ge-
zogen, und bevor wir nicht völlig darüber ein-
ſtimmig waren, ehe ſchaltete ich ein ſolches Blatt

)(5   nicht,

nicht iu die Zahl der Originalblätter Dürers. Man kann also festen Verlaß darauf machen, daß keine Copie oder fremdes Blatt unter den ächten mit untergelaufen ist, sondern das es alle wahre Abkömlinge von unserm Dürer sind.

War es aber dann auch wohl Wunder, daß Dürer so allgemeinen Beyfall und Nachahmung gefunden hat, da er eines der fruchtbahrsten Genie in den Künsten war, die jemahlen gelebt haben, er hatte sich in keiner fremden Schule gebildet, und hatte auch seiner Zeit nicht das Glück, wie die nachfolgende und jetzigen grossen Meister sich an herrlichen Kunst- und Meisterstücken anderer seinen Verstand ein weites Feld geöfnet zu sehen, die ganze grosse Anzahl Stücke in allen Fächern haben ihre Urquelle aus ihm selbsten, und es ist gewiß viel, eine solche starke Einbildungskraft in den mannigfaltigen Gegenständen zu zeigen, wie er solches mit seinem Pinsel, Zeichen-Feder und Grabstichel der ganzen nachfolgenden Welt zu seinem unauslöschlichen Ruhm hinterlassen hat. Sandart hatte dahero mit gröstem Fug und Recht auf sein Grab geschrieben:

„Hier ruhe Künstler-Fürst! du mehr als grosser
Mann!
„In viel Kunst hat es dir noch keiner gleich gethan. &c.
Raphael

Raphael war gros, ja er war erstaunlich gros, und ein jeder der nur daran zweiflen wollte, würde sich vor dem ganzen gesitteten Europa zum Gelächter aussetzen, bey alle dem aber kommt mir der geschwinde Fortgang seines erhabenen Geistes nicht so ausserordentlich vor als derjenige des Albrecht Dürers, indeme jener an den prächtigen Ueberbleibselen des alten Roms sich auf alle Art bilden könnte, während unser Dürer in dem damahligen rohen von Künsten und Wissenschaften ganz und gar unwissenden Teutschland sich blos mit seiner eigenen Einbildungkraft durch alle Wiederwärtigkeiten zu einem so hohen Grad von Bewunderung hinauf schwunge, wie mir hierinnen der Abt Winkelmann in seiner Geschichte der Kunst des Alterthums p. 53 beyflüchtet, allwo er sagt:

„Wenn ich von der natürlichen Fähigkeit dieser Nationen, (versteht sich derer in den wärmern Ländern) zur Kunst ins gemein rede, so schliesse ich dadurch diese Fähigkeit, in einzlen Personen der Länder jenseits der Gebürge nicht aus, als welches wieder die offenbahre Erfahrung seyn würde. Denn Holbein und Albrecht Dürer, die Väter der Künste in Teutschland haben

„haben ein erſtaunliches Talent in derſelben ge-
„zeigt und wenn ſie wie Raphael, Corregio
„und Titian die Werke der Alten hätten be-
„trachten und nachahmen können, würden ſie
„eben ſo gros wie dieſe geworden ſeyn, ja dieſe
„vielleicht übertroffen haben.‟

Dürer hatte demnach ſeiner Nation nicht wenig Ruhm gemacht, es ſollten dahero alle Liebhaber
der Kunſt billig darauf bedacht ſeyn, ſeine Arbeiten zu ſammlen; ich meines Orts mache mir dabey noch eine Ehre daraus, dieſes Mannes mit
alle dem Lob zu gedenken, der ſeinem Fleiß auch in
der heutigen ſo weit in der Kunſt geſtiegenen Welt
nach dritthalb hundert Jahren mit allem Recht noch
gebühret, und kann dahero auch nicht umhin dasjenige hier ebenfalls zu berühren, was Herr Keyßler von der geſchickten Hand unſres Dürers in den
verſchiedenen Städten Italiens bemerket hat, pag.
305. ſagt er:

„In dem Piemonteſiſchen liegt die den Domi-
„nicanern zuſtändige Abtey del Boſco, allwo in
„des Pater Priors Zimmer, auf einem Gemähl-
„de der ganze Lebenslauf Chriſti mit ſo kleinen Figuren

„guren vorgestellt, daß man eines Vergröſſe-
„rungs-Glaſes benöthiget iſt, um alles genau
„zu erkennen. Dieſes Stück iſt vom Albrecht
„Dürer und ſollen dem Kloſter eilf tauſend
„Zechini dafür gebotten worden ſeyn. Und
von Rom ſagt Herr Keyßler, daß er in den un-
terſchiedenen Gallerien, daſelbſten ſieben Gemählde von Dürer angetroffen habe, pag. 824
fährt dieſer Schriftſteller fort, „in P. Priors
„Zimmer der Carthauſe in Neapel verdienten
„beſonders Rubens und Albrecht Dürers Zeich-
„nungen betrachtet zu werden;“ ferner pag.
1107. „In dem Herzogl. Pallaſt zu Venedig
„befinden ſich in den Sälen und Zimmern eine
„nicht geringe Anzahl gute Gemählde von den
„größten Italieniſchen Meiſtern und darunter
„auch Stücke von A. Dürer.“

Alles dieſes beweiſet klärlich, wie viele Achtung man ſelbſt in Italien dem wahren Sitz der
Künſte für unſern Dürer gehabt und noch hat, da
ſogar die Italiener einen Ruhm darinnen ſuchen
dieſes Mannes Arbeiten unter den herrlichſten Werken ihrer unvergleichlichen Künſtler zu zeigen und
damit ſich groß zu machen; ja Raphael hatte ſelb-

ſten

ſten eine ſo groſſe Achtung für ihn, daß die Wände
ſeiner Wohnung mit Dürers Arbeit prangten.

Wie viel ſiehet man nicht ferner in der prächti-
Arundeliſchen Sammlung in England, wovon W.
Hollar ſo vieles copirt hat, und was hat nicht
Arthur Youngs part. I. p. 221 und part. III. p.
13 auf ſeinen Reiſen in dieſem Reiche von Dürer
bemerkt. Wie manches Stück findet ſich in Spanien, man ſchlage nur de la Puente Reiſen part.
II. p. 146 & 148. darüber nach, und falls ſolches nicht hinlänglich, ſo nehme man Rich. Twis
Reiſen durch Portugall und Spanien im 1772
und 73ten Jahren zu Handen, ſo wird ſich part.
I. p. 141. und 305. noch mehreres daſelbſten von
unſerm Dürer aufgezeichnet finden. Ja wie viele
Stücke werden nicht noch in den übrigen Reichen
Europens von Dürer zu finden ſeyn die von ſeinem Verſtand zeugen und wovon uns die Nachrichten fehlen.

Welch groſſen Fleiß demnach Dürer angewändt,
und wie wenig Stunden er unbenutzt in ſeinem
Leben hat hinflieſſen laſſen, erhellet klärlich aus ſeiner Menge Arbeiten die er mit ſo groſſem Beyfall
aller

aller Europäischen Nationen verfertiget hat, man lese hierüber weiters den Arend, Knorr und Schöber nach, so kann man sich noch mehr davon überzeugen, sie erzehlen ebenfalls in seinem Lebenslauf so viele Umstände und merkwürdige Begebenheiten die unser Dürer mit Monarchen, grossen Herrn, Gelehrten und Künstlern gehabt hat, daß ihme die Früchten seiner Geschicklichkeit dazumahlen schon entgegen reiften. Es würde dahero hier überflüßig seyn, wann ich mich in diese Materien weiter-einlassen wollte; da ich überzeugt bin, daß obige drey Schriftsteller in jedermanns Händen seynd und sich dahero leicht nachschlagen lassen.

Im Anfang habe erwehnt, daß die Grundlage gegenwärtig Dürerischen Kupfer- und Eisenstich-Catalogi in Gersaints Catalogo von Rembrand liege. Kein Catalogus ist noch mit mehrerem Beyfall so allgemein aufgenommen worden, als eben dieser, ich stehe dahero auch um so weniger im Zweifel, daß der Meinige von einigem Nutzen, für die Liebhaber der Dürerischen Werke seyn wird, da er nach Gersaints Plan entworfen ist. Ich habe gesucht darinnen, so viel thunlich das Originale jeden Stücks sowohlen, als alle mögliche Copien dabey

bey. anzuführen, darzu hat mir nicht alleine meine so nach vollständige Sammlung der Dürerischen Blätter gedient, sondern verschiedene Sammlungen meiner Freunde und der hiesigen Stadt-Bibliotheck haben mir auch gute Dienste dabey geleistet, zugleich aber unterliesse nicht den Arend, Knorr, Schöber und viele in meinen Händen habende Holländische Verkaufs-Catalogos genau nachzuschlagen, und daraus alles dasjenige zu bemerken, was zu dem Ganzen nur einigermassen etwas beytragen konnte. Unter dem Ausdruck des Ganzen, verstehe ich hier aber weiter nichts, als Dürers eigen gestochene Blätter in Kupfer und Eisen, nicht etwa aber auch eine Beschreibung der vielen Portraits, so nach Dürers Bildniß gestochen, oder der Menge anderer Arbeiten so von ihm gemuthmaset, oder nach seinen Gemählden verfertiget worden. Zu was nutzet eine Beschreibung von ersteren, dergleichen Knorr so umständlich giebt, es sind so viele schlechte Stücke darunter, die kaum des Aufhebens, geschweige einer Beschreibung würdig seyn. Da Dürer aber kein eigen Portrait von sich in Kupfer gestochen und zur Sammlung sein Bildniß, Billigkeit halber doch wohl gehöret, so

lege

lege man lieber die drey besten, nehmlich den Lucas Kilianischen Ehrentempel, dessen grosses Portrait und das schöne Blatt so W. Hollar verfertiget hat, bey, so seynd diese Blätter gewiß hinlänglich Dürer sich am lebhaftesten vorzustellen, und brauchen keiner weiteren schlechten Zeugnisse, woran nur Gesicht und Geschmack verdorben wird. Letztere anlangend, so würde wohl nichts unvollkommener ausfallen, als eine Beschreibung der Kupferstiche nach seinen Gemählden, wie viele bekannte und unbekannte, schlecht und gute Meister haben solche copirt und in alle Welt verbreitet, wovon man theils Erfahrung, theils keine hat, im Grunde gehören sie auch gar nicht zu der Beschreibung seiner Kupferstiche, sondern vielmehr zu einer Beschreibung seiner Gemählde, davon sie abgenommen und deren Copien sie seynd. Man rechne mir es demnach für keine Trägheit an, daß ich nicht gegen Raison gehandelt habe.

Die Anzahl der sieben Dürerischen Eisenstiche * war zu geringe, als abgesondert von den Kupfer-

)( )(

stichen

* Ich kenne gar wohl ausser diesen sieben noch fünf andere Eisenstiche, so für Dürers Arbeit angegeben und auch von den meisten davor gehalten

ſtichen beſchrieben zu werden, manche werden ſogar nicht einmahl davor angeſehen, es würde dahero beym Nachſchlagen nur doppelte Mühe verurſachen, ob ein Stück unter dem ein oder dem andern zu ſuchen wäre, ich fande demnach für die Liebhaber bequemer, ſie ohn abgeſondert zu laſſen, und nur bey jedem Stück anzuzeigen, ob es Eiſenſtich ſeyn.

So genau ich auch glaube alles bemerkt zu haben, ſo werden doch noch Unvollkommenheiten mit untergelaufen ſeyn, denen unmöglich wegen der Zerſtreuung der Düreriſchen Stücke vorzubiegen wäre, ja ich ſehe es für eine halbe Unmöglichkeit an, einen ganz vollkommenen Catalogum zu liefern. Wir ſehen dieſes bey Rembrandts ſeinem, hat nicht Yver einen ſolch en ſtarken Beytrag darzu gemacht, daß man ſich darüber verwundern muß, da nicht zu erwarten ſtunde, daß den Herausgebern des Rembrandts Catalogus mitten in Paris, als der größten Niederlage aller ſinnlichen Kupferſtichen, ſo vieles von dieſem Manne entgangen ſeye; wie
ſollte

werden; da aber Dürers Zeichen auf keinen der letztern befindlich, ſo wird man mir verzeihen, wann ich ſolche als von Dürer ſelbſten nicht für wahrhaft ächt erkannt, nicht in die Zahl ſeiner übrigen Blätter mit eingerückt habe.

sollte ich mir aller angewandten Mühe ohngeach=
tet dann vermuthen, allem solchen vorzukommen
und ohne Fehler zu erscheinen, deme durch nichts
hätte besser vorgebogen werden können, als dem
Dürer selbsten, wann er nehmlich alle seine Blät=
ter numerirt hätte, so wüßte man genau, wie
man sich verhalten sollte, so aber verbleiben Lieb=
haber und Schriftsteller in ewigem Streit, auch
sogar in ganzen Folgen von zusammenhängenden
Blättern, zum Beyspiel die Anzahl der Apostel wird
in allen Büchern nur fünf angegeben, im Leben des
Marc Antonio stehet ausdrücklich statt dessen mit
folgenden Worten:

„Bald hernach verfertigte Albrecht Dürer,
„und dies war fast seine letzte Arbeit im Jahr
„1523 den Heyland und die zwölf Apostel in
„kleinen Blättern.“

Wer hat nun recht, wem soll man glauben?
mich dünkt letzterm am wenigsten, dann würde
Dürer zwölf Apostel verfertiget haben, so würden
solche ohne Zweifel mehreren Personen als dem
Marc Antonio zu Gesichte gekommen seyn, viel=
leicht hat er gar die übrigen sieben datzu selbsten

ver=

verfertigt, und nach seiner Gewohnheit um dem Betrug einen grössern Anstrich zu geben, mit Dürers Nahmen bezeichnet. Daß die Angabe von zwölf Apostel im 1523 Jahr allerdings falsch ist, ein solches beruhet ferner in der unrichtigen Angabe des Jahrs, da die fünf nicht einmahl mit einem Jahr bezeichnet seyn, zwey haben das Jahr 1514. zwey 1523. und einer 1526. Dürer gabe sie demnach in ganz verschiedener Zeit an Tage, und zudem entsinne ich mich, bey keiner Gelegenheit andere gesehen, noch beschrieben gefunden zu haben als just eben ein und dieselbige fünf Apostel, wann deren aber zwölf gewesen wären, so wäre doch hier oder da einer einmahl ans Licht getretten, und würden entweder in ein oder andern Beschreibung die Zahl der fünf überschritten, oder nicht jedesmahl die nehmliche Vorstellungen gehabt haben. Mithin legt sich der Ungrund der Marc Antonischen Angabe nur allzuklar an Tag, als daß darüber nur weiter der mindeste Zweifel mehr walten sollte, ich lasse es Sicherheit halber demnach bey der Zahl von fünf Apostel lediglich beruhen.

Nichts hat mir ansonsten bey Verfertigung dieses Catalogi mehr Mühe gemacht, als unter den Dürerischen Fantasie=Stücken dazu schickliche Nahmen

men auszutheilen, der Mann hat hier so gar wunderliche Gegenstände gewählt, daß man weder in den heidnischen noch christlichen Werken darüber nachzuschlagen im Stande ist. Das Geist= und weltlich Historische höret hier ganz auf, und stellt dahero im Grunde jedesmahl dasjenige vor, was man sich in seinem Gehirn davon einbildet. Man wird mir demnach verzeihen, wann manche Benennung willkührlich und nicht just nach jedes Meynung ausgefallen ist. Unter das Mühsame dieses Catalogi kann man auch ferner die genaue Beyfügung der unerhörten Menge Copien und Gegen-Copien rechnen, zu was nutzt die ewige Vermehrung derselben, den Meistern vorigen und zweyt vorigen Jahrhunderts nehme es nicht übel, aber den heutigen um so viel mehr, dann unter jenen war Dürer würklich eine grosse Vorschrift, während er von der heutigen Kunst der Engländer und Franzosen um ein sehr grosses übertroffen worden, warum richten sich lehrbegierige Leute nicht nach diesen, wann sie in der Welt etwas rechts zu Stande bringen wollen, jedes Jahrhundert hatte seine grossen Meister, Dürer war es in dem seinigen und ist es bis auf einen gewissen Grad jetzo noch, wann er schon der Geschicklichkeit unserer Zeiten nachste-

hen

hen muß, alleine nur ewig Copien nach seinen Werken und darzu so schlechte Copien zu verfertigen ist
sehr eckelhaft; so wie die Kunst steigt, so muß auch
die Achtung davor steigen, und die Nachahmung
muß in dem besten Geschmack des laufenden Jahrhunderts nur allein ihren Vortheil suchen, um in
seiner Art wieder Original zu werden, so wie es
die vergangenen in dem ihrigen gewesen seyn.

Da die Menschen aber bekanntermaßen mehr
zum Bösen geneigt sind, so kehren sie sich auch wenig an dergleichen gute Ermahnungen, ja seyn mit
der Ausgabe schlechter Copien nicht einmahl alleine
mehr zufrieden, sondern treiben damit sogar noch
andere Streiche, folgendes Exempel kann zum Beweiß davon dienen. In letzter hiesigen Messe brachte mir ein sicherer Kupferstich-Händler neun Blätter nach Dürer, ich sahe gleich daß es von den 15
bekannten, neuerdings in Nürnberg gestochene Copien waren, indeme ich von der nehmlichen Hand
schon einige unter meiner Sammlung besaße, das
ärgerlichste daran aber ist, daß die Platten mit
allerhand Nebenzeichen noch darzu besetzt sind, die
im Anfang vom wahren Verfertiger nicht darauf
gemacht worden, als z. E. das Zeichen des Georg
Pens,

Pens; Marc Antonio und auf dem Portrait des Cardinal Alberti von Maynz; welches darzu noch in braunem Grund abgedruckt ist N M und darüber F C gezeichnet; vermuthlich ist der erste Besitzer gestorben, und die Platten sind hernach in solche Hände gerathen; die eine Ehre im schändlichsten Betrug gesucht und sich wahrscheinlich darzu der nehmlichen Stempel bedienet haben, wovon von Heinecken in seinen Nachrichten von Künstler- und Kunstsachen part. I. p. 277. spricht: Ich warne demnach jeden Liebhaber dafür und füge nur noch an, daß diese Blätter zwar allerdings als neue Copien nach Dürer, worauf nur Dürers Zeichen alleine stehet mit zu der Sammlung gehören, * keineswegs aber die ganz neue und schlechte Abdrücke mit den darauf gesetzten fernerweiten falsch ersonnenen

)( )(4

nenen

---

* Herr von Heinecken sagt in seinem Schreiben an Joh. Paul Kraus pag. 32. „In selbigem soll der geheime R. Klotz das von Knorren gestochenen Portrait des Raphels finden, ob ich es wohl bis hierher vor ungemein schlecht gehalten, daß ich mich es anzuführen geschämt; ich sehe aber, daß auch diese Sachen ihre Liebhaber finden.“ Die Schönheit hat mich ebenfalls nicht verleitet Knorrs schlechten Copien einen Platz in diesem Werkgen einzuraumen; sondern vielmehr von Heinecken letzte Worte haben Antheil daran.

nenen Zeichen, dann wollte man dergleichen Betrug in der Ordnung nur einmahl gelten lassen, so wäre in der Zukunft der Unordnung nicht mehr vorzubiegen, und einem jeden würde der Weg gebahnet, copirte Dürerische Blätter mit andern Beynahmen zu bekleben, und dergleichen Stücke für was neues und seltenes gelten zu lassen, ich erkläre demnach diese sämtlich falsch bezeichnete Blätter für Maculatur.

Mit welchem Misbrauch noch überdies mancher Liebhaber sammlet und welch grosse Verhinderung für andern durch die verschiedene Arten derselben verursacht wird, ein solches nahme neulich bey Besichtigung eines sichren Cabinets wahr, der Besitzer davon legte nehmlich zur Dürerischen Sammlung zwey auch drey Originalblätter, ich fragte ihn um die Ursache, worauf man versetzte, ey um der verschiedenen Abdrücke willen, bey dem Rembrand geschiehet dieses ja auch. Ja lieber Freund! bey Rembrands Sammlung ist es was anderst, erwiederte ich, da erfordert es die Nothwendigkeit; denn als Rembrand sahe, welchen grossen Beyfall seine radirten Blätter fanden, so brachte er Nutzens halber, immer wieder was neues darinnen

rinnen an, daß entweder die Platten gleichsam wie umgeschaffen, oder doch wenigstens so verändert waren, daß deren verschiedene Abdrücke dahero zu den Sammlungen ganz ohnumgänglich nöthig sind. Bey den Dürerischen Kupferstichen hat es hiermit aber eine ganz andere Bewandtniß, Dürer veränderte an seinen einmahl abgedruckten Platten nichts mehr, solche blieben ohne Zusatz ein wie das andermahl, wollte man aber dem ohngeachtet einen Unterschied in den geringeren Abdrücken suchen, so ist dieses lächerlich, bey nicht umgeschafnen Blättern hat man ledeglich auf gute, ja die beste Abdrücke zu sehen, wovon dann meines Erachtens ein Abdruck hinlänglich ist, geringere aber, wann man gute hat, nicht in Betracht zu nehmen sind. Der neidische Gedanke mehr als einen Abdruck von jedem Dürerischen Stich zu haben, fällt also gänzlich weg und ist nichts als ein Hirngespenst.

Letztlich finde noch zu erinnern nöthig; ja ich bitte es als einen guten Rath um der Kunst willen anzusehen, daß ein jeder Liebhaber und Kenner sich hinten an diesem Catalog nur etliche weiße Blätter mit anheften lassen möge, um bey Vorfällen dasjenige darauf bemerken zu können, was etwa ein-

oder

oder anderer von Dürerischen Stücken noch antreffen sollte die in gegenwärtigem Werkgen nicht enthalten seyn, es sind Originalien oder Copien, beyde hören zum Vollständigen und tragen zum Ganzen was bey, so wird mit der Zeit durch dergleichen Nachträge ein anderweiter Kunst=Freund einmahl in Stande gesetzt etwas vollkommeners zu liefern, wobey es mir sodann hinlängliche Genugthuung für meine jetzige Mühe und Arbeit seyn wird, Ursach zu einem vollkommenen Dürerischen Catalogum gegeben zu haben bis dahin, und daß solches in Stande komme, so wünsche daß dieser hier unterdessen diejenige gute Dienste allgemein leisten möge, denen ich mich allezeit so gern widme.

Frankfurt am Mayn
   im Jenner 1778.

H. S. Hüsgen.

Nach

Nach folgender Ordnung hat man sich im Nachschlagen zu richten.

100 Originalblätter so Dürer unwiedersprechlich selbsten in Kupfer und Eisen gestochen hat, wobey zu erinnern ist, daß ich unter der rechten Seite jedes Blatts allemahl diejenige Seite begreife, die im vor mir halten, mir links entgegen steht, wie auch daß auf jedem Blatt des Dürers Nahmens-Bezeichnung und Jahrzahl sich eben so befinde, wie ich es genau bey allen bemerket habe.

S'il avoit vû de la Grece le superbe Portique

    Et Rom dans son auguste Splendeur

Il auroit poussé sa Magnificence Gothique

    A divine Hauteur.

                M. P. Baumhauer.

Raisonnirentes Verzeichnis

aller Kupfer und Eisen-Stiche so durch die geschickte Hand

Albrecht Dürers

selbsten verfertiget worden.

Das alte Testament.

Adam und Eva.

No. 1. Der Mann stehet rechter und die Frau linker Hand, zwischen beiden aber der Baum der Erkenntniß mit der Schlange, von welcher die Eva einen Apfel nimmt; Adam hat einen Ast in der Hand, auf dem ein Papagay sitzt, neben diesem hängt eine Tafel mit der Aufschrift:

Albert Durer Noricus Faciebat 1504. neben der Jahrzahl ist sein gewöhnliches Zeichen AD. ganz klein angebracht. Hinter dem Baum siehet man einen Hirsch, neben der Eva liegt ein Ochs, vor dem Baum eine Katz, hinter dieser ein Haas und vor dem Adam eine Maus. Es ist eins der seltesten Blätter Dürers, und ein guter Abdruck davon schwer zu bekommen. ——
9 $\frac{1}{2}$ Z. hoch, 7 $\frac{1}{2}$ Z. breit.

A

A.)

A.) Copia, so der junge Wierx sehr schön von der nehmlichen Seite davon verfertiget hat; es ist darinnen alles sehr genau nachgeahmt, bis auf das Schild, auf welches er folgendes gesetzt,

Albert. Durer. Inventor. Johannes
Wierx Faciebat: Æ. 16.

und oben im linken Eck stehet 1566.

B.) Copia der nehmlichen Gröse, Knorr giebt solche an, ich habe sie aber niemahlen gesehen.

Juda und Thamar. *

No. 2. Die Thamar sitzt am Weg, zu welcher sich Juda gesellt, der seinen Huht neben sich liegen hat, sich bey ihr niederläßt, und mit seinem rechten Arm umfasset; aus seiner Tasche hohlt er mit der linken Hand, den an ihn begehrten Ring und Schnur, nach denen sie greift, und mit der rechten Hand einen offenen Beutel auf ihrem Schoos hält. In der Ferne erblickt man eine Stadt an der offnen See und drey Bäume, zwischen welche Dürer ein gesatteltes Pferd angebunden hat. Das gewöhnliche AD nimmt man mitten unten etwas verkleinert wahr. Es ist mit eines von den raren Blättern.

5 $\frac{1}{4}$ Z. hoch, 5 $\frac{1}{2}$ Z. breit.

A.) Copia, aber ohne Nahmensbezeichnung.

B.) Schlechte Nürnberger Copia, von der Gegenseite.

Das

---

* Das umständliche dieser Begebenheit kan 1te B. Mos. am 38. C, im 16. 17. und 18. B. nachgelesen werden.

Das neue Testament.

Die Geburt Christi.

No. 3. Maria hat im Stall das Kindlein Jesu vor sich liegen, ausserhalb schöpfet Joseph an einem Zieh-Brunnen Wasser, in der Ferne siehet man durch eine alte Rudera in eine Landschaft. Oben aus einem alten Gebäude raget ein Stänglein heraus, auf dem daran hängenden Schild aber stehet, 1504. AD

Dieses Blatt ist eins der gemeinsten von allen Dürerischen Blättern, dann seitdeme ein gewisser Wild in Nürnberg Besitzer von der Original-Platte geworden, so hat er deren Abdrücke sehr wohlfeil in alle Welt verbreitet.

7 Z. hoch, 4½ Z. breit.

A.) Copia von der Gegenseite, obgleich der Baum oben auf dem Gemäuer daran abgestutzt, und nicht wie im Original ausgeführet ist, so ist es doch etwas höher und breiter, hat auf dem Schild auch nicht die Jahrzahl 1504.

B.) Copia der Gegenseite, so etwas kleiner als das Original ist.

C.) Copia, nehmlicher Gröse, hinter dem Baum stehen an einem Stein die Buchstaben IHW. Æ. 16. 1566.

D.) Copia von hier. Hopfer, oben stehet statt Dürerischen Zeichen, die Buchstaben IH und das Stadt Augspurgische Wappen.

E.)

E.) Copia mit dem Zeichen B. I. an dem Brunnen, es ist aber nur 2 ½ Z. hoch, 3 ½ Z. breit.

F.) Copia von der Original-Seite, im Schilde, aber stehet 1557. und ein verschlungen VC.

Die Paßion in 16 Blättern.

No. 4. Das Titul-Blat stellet **Christum an eine Säule gebunden** vor, und einer Dornen-Crone gekrönt, in der einen Hand eine Geissel in der andern eine Ruhte haltend. Vor ihm stehen Maria und Johannes mit gefalteten Händen. In der Ferne siehet man den Berg Golgatha, oben aber $\frac{1509}{AD}$ stehen.

No. 5. **Christus am Oehlberg betend,** wie ihm der Engel erscheint und seine Jünger schlafend um ihn liegen, in der Ferne erblickt man eine ofne Thür in einem Zaun, durch welche die Kriegs-Knechte mit Facklen nach ihm eilen; $\frac{1508}{AD}$ liest man unten auf einem Schild.

No. 6. **Christus linker Hand im Garten,** wie er vom Verräther geküßt und den Kriegs-Knechten gefangen wird, dabey Petrus, welcher nach dem Malchus, der auf der Erden liegt, hauet, und ein schrecklich schreyendes Gesicht macht. Mitten unten stehet 1508. AD.

No. 7. **Das falsche Zeugniß gegen Jesum,** wie er vor dem linker Hand an einer Säule zu sehenden hohen Priester stehet, der hintere Zeu-

Zeuge auf ihn deutet, und der vordere in die Hö=
he steigende ihn am Ermel ziehet, von hinten ist
er von Kriegs=Knechten umgeben und durch einen
Bogen erblickt man die Stad Jerusalem. Auf
dem Säulen=Fuß stehet 1512
AD

No. 8. **Das Bekänntniß Jesu,** wie er
vor dem linker Hand unter einem Himmel sitzenden
Hohen = Priester stehet und von zweyen Kriegs=
Knechten in den Armen gehalten wird. In dem
oben an der Wand hängenden Schildgen stehet
1512
AD

No. 9. **Die Handwaschung Pilati,** wie
er rechter Hand sitzend von seinem Knecht sich Was=
ser auf beide Hände giesen läßt, neben ihm stehet
ein Alter, der mit ihm spricht, in der Ferne er=
blickt man Jerusalem nebst dem Golgatha, und
wie Christus von zwey Kriegs=Knechten hinaus ge=
führet wird. Oben stehet 1512
AD

No. 10. **Die Geislung Christi,** er stehet
mit beiden Armen um eine Säule gebunden, nach
der Rechten sehend, wo ein Knecht mit einer auf=
gehobenen Peitsche, und hinter ihm einer mit einer
Ruthe stehet. Unter einer Thür wird Albrecht
Dürer selbsten mit einem sehr mitleidigen Gesicht
erblickt. Im Vorgrund liegt eine Ruthe und der
Mantel, oben im Eck aber auf einem Schildgen
stehet 1512
AD

A 3 No. II.

No. 11. **Die Verſpottung und Crönung Chriſti,** Chriſtus ſitzet linker Hand, zwey Kriegs-Knechte drücken und ſchlagen ihm die Dornen-Crone in Kopf; zwey Kerls liegen höhnend vor ihm, im hintern Grund aber erblickt man drey redende alte Perſonen. Oben im linken Eck ſtehet 1512 und unten im rechten Eck AD.

No. 12. **Das** *Ecce homo,* Chriſtus ſtehet rechter Hand auf einem erhabenen Ort, mit gebundenen Händen, der Ruthe und Crone, der Richter neben, und vor ihm einer in einem Mantel, im hintern Grund erblickt man Jeruſalem und vieles Volk, welche die drey Creutze in die Höhe halten. Auf dem erſten Tritt ließt man $\begin{array}{c}1512\\AD\end{array}$

No. 13. **Die Ausführung Chriſti,** der Heyland von der Rechten nach der Linken gehend, trägt ſein Creutz mit drey ihm folgenden ſehr betrübten Weibern ſprechend, linker Hand reißt ihn ein äffenter Kriegs-Knecht mit Gewalt fort; im hintern Grund erblickt man vieles Volk mit Schwerder, Spieß und Stangen, oben im linken Eck aber auf einem Täfelgen $\begin{array}{c}1512\\AD\end{array}$

No. 14. **Die Creutzigung Chriſti,** wie er am Creutz ſein Haupt von der Rechten neigt, wo ſeine in ein weites Gewandt verhülte Mutter mit zuſammen gefalteten Händen weinend ſtehet. Johannes linker Hand in einer wehmüthigen Stellung, hat einen Kriegs-Knecht hinter ſich, und

zu seinen Füssen ein Täfelgen mit AD im rechten
aber erblickt man 1511.

No. 15. **Die Abnehmung Christi**, der
todte Heyland liegt von der Rechten zur linken am
Fuß des Creutzes auf der Erden, Johannes bemühet sich ihn mit beiden Armen aufzuheben, während ihm ein Weib den linken Arm mit beiden
Händen in einer wehmüthigen Stellung unterstützt, hinter welcher ein anderes, von Joseph, Nicodemus und einer dritten Frau umringtes Weib,
in einer verzweifelten Bewegung die Hände übern
Kopf zusammen schlägt. Zu hinderst siehet man
eine Landschaft, die Leiter, und im Vorgrund die
Dornen-Crone, im rechten Eck aber einen Stein
mit $\frac{1507}{AD}$ liegen.

No. 16. **Die Grablegung Christi**, wie
Joseph von Arimathia von Johannes und vier
Weibern umringt den erblaßten Leichnam Christi,
in e-n von der Rechten nach der linken schreh in
Stein gehauenes Grab leget, während zwey andere Mannspersonen die Füsse in Leinwand wicklen,
und den Cörper mit einsenken helfen. Der hintere Grund stellet einen Felsen mit Bäumen vor,
auf der Erden liegt die Crone, und am Fuß des
Grabes ließt man $\frac{1512}{AD}$

No. 17. **Christi Höllenfahrt**, Christus
mit der Sieges-Fahne in der linken Hand, ziehet
in einer sehr gelassenen Stellung mit der rechten,

A 4 einen

No. 11. Die Verspottung und Crönung Christi, Christus sitzet linker Hand, zwey Kriegs-Knechte drücken und schlagen ihm die Dornen-Crone in Kopf; zwey Kerls liegen höhnend vor ihm, im hintern Grund aber erblickt man drey redende alte Personen. Oben im linken Eck stehet 1512 und unten im rechten Eck AD.

No. 12. Das Ecce homo, Christus stehet rechter Hand auf einem erhobenen Ort, mit ge-bundenen Händen, der Ruthe und Crone, der Richter reden, und vor ihm einer in einem Man-tel, im hintern Grund erblickt man Jerusalem und vieles Volk, welche die den Creutze in die Höhe halten. Auf dem ersten Tritt liest man 1512 AD

No. 13. Die Ausführung Christi, der Heyland von der Rechten nach der Linken gehend, trägt sein Creutz mit dem ihm folgenden sehr be-rühmten Widerfensband, linker Hand reißt ihn ein öberster Kriegs-Knecht mit Gewalt fort; im hintern Grund erblickt man vieles Volk mit Schwerter, Spieß und Stangen, oben im lin-ken Eck aber auf einem Zettgen 1512 AD

No. 14. Die Creutzigung Christi, wie er am Creutz sein Haupt von der Rechten neigt, wo seine in ein weites Gewandt verhülte Mutter mit zusammen gefalteten Händen weinend stehet. Johannes linker Hand in einer wehmüthigen Stel-lung, hat einen Kriegs-Knecht hinter sich, und

zu

zu seinen Füßen ein Täfelgen mit AD im rechten aber erblickt man 1511.

No. 15. **Die Abnehmung Christi,** Der todte Heyland liegt von der Rechten zur Linken ein Fuß des Creutzes auf der Erden, Johannes bemühet sich ihn mit beiden Armen aufzuheben, während ihm ein Weib den linken Arm mit beiden Händen in einer wehmüthigen Stellung unterstützt, hinter welcher ein anderes, von Joseph, Nicodemus und einer dritten Frau umringtes Weib, in einer verzweifelten Bewegung die Hände übern Kopf zusammen schlägt. Zu hinterst siehet man eine Landschaft, die Leiter, und im Vorgrund die Dornen-Crone, im rechten Eck aber einen Stein mit $\frac{1507}{AD}$ liegen.

No. 16. **Die Grablegung Christi,** wie Joseph von Arimathia von Johannes und vier Weibern umringt den erblaßten Leichnam Christi, in ein von der Rechten nach der Linken schräg in Stein gehauenes Grab leget, während zwey andere Mannspersonen die Füße in Leinwand wickeln, und den Cörper mit einsenken helfen. Der hinter Grund stellet einen Felsen mit Bäumen vor, auf der Erden liegt die Crone, und am Fuß des Grabes liest man $\frac{1512}{AD}$

No. 17. **Christi Höllenfahrt,** Christus mit der Sieges-Fahne in der linken Hand, stehet in einer sehr gläubigen Stellung mit der rechten,

J 4

einen mit zusammen geschlagenen Händen sich nach
ihm söhnenden Menschen aus der Höllen, neben
welchem noch drey andere aus den Flammen nach
Erlösung schreyen. Die zerbrochene Pforte, der
schrecklich aufgesperte Rachen des Drach und ein
ander dergleichen oben auf dem Bogen sitzendes
Thier, so den darunter stehenden Adam und Eva
den Hirnkasten durchbohren will, geben der ganzen Vorstellung einen seltenen Anstand. Dicht
unterm Bogen stehet 1512 und unten im linken
Eck auf einem Stein AD.

No. 18. Die Auferstehung Christi, der
Heyland, mit seiner in der linken Hand haltenden
Sieges-Fahne stehet nach der Rechten mit aufgeho-
bener Hand und einem fliegenden Gewandt, auf
dem erhabenen steinern Grab, fünf Kriegs-Knechte
liegen in unterschiedener Stellung schlafend darum.
In der Ferne siehet man bergigte Gegenden und
im Vorgrund 1512
AD

No. 19. Die Heilung des Lahmen, wie
solcher rechter Seite sehr verstümpfelt vor den
Aposteln liegt, der vordere Apostel in einem langen Mantel streckt die Hand gegen ihn aus, den
Johannes nebst vier andern in Verwunderung stehende Apostel bey sich habend. Vier perspectivische
Säulen, eine Thür und oben ein viereckigt Ge-
fach worinnen AD zu sehen, machen den hinter
Grund aus.

Alle 16 Paßions-Blätter haben einerley Größe,
es

es wird demnach hinlänglich seyn, wann ich hier zu Ende setzte, daß solche 4 ½ Z. hoch, und 3 Z. breit seynd. rc.

A.) Copien der sämmtlichen Paßion, von nehmlicher Größe, Seite und Zeichen, sobald man solche aber neben die Originalien hält, fallen sie sehr zurück. Verschiedene Kenner Meynung gehet dahin, daß dieses die berufene Arbeit des Marc Antonio wäre.

B.) Copien der ganzen Paßion, auch von nehmlicher Größe, Seite, (nur die Handwaschung ist von der Gegenseite) und Zeigen. Doch war der Verfertiger so ehrlich und hat unten auf No. 4. nehmlich dem Titulblatt seinen Nahmen W. D. Haen fecit 1611. und auf alle folgende Blätter mit W. D. H. noch zugesetzt.

C.) Copien der Paßion von der Gegenseite mit W. Reichius, excudit bezeichnet.

NB. Wie selten alle sechzehen vorbeschriebene Original-Paßions-Blätter bey einander gefunden werden, ersiehet man sowohlen aus dem Knorr, als Schöber; wann jener unter No. 34 sagt: „der kleine Paßion bestehet in 15 Blättern mit der „Heilung des Lahmen, und dieser gar pag. 84 er-„wehnet, die Paßions-Stücke hat er zu verschiede-„nen Jahren in Kupfer gestochen, und es ist etwas „seltenes von einem Jahr, geschweige von allen „Jahren die Suite zu haben." Und sodann folget hier beym Schöber auch nur die Beschreibung von 15 Paßions-Blättern nach. Wie irrig besonders

letz-

letzterer in seiner Vermuthung ist, wann er sogar
vermeynet Dürer hätte in einem Jahr jedesmahl
ganze Folgen von Paßionen gestochen, liegt klar
zu Tage; was hätte das öftere Wiederhohlen ein
und derselbigen Gegenstände sagen wollen, wann
er Ao. 1507. 8. 9. 11. und 12. in jeden dieser
Jahre nichts als Paßions-Stücke verfertiget hätte,
daß er solches aber nicht gethan, beweiset ferner
die richtig hinter einander folgende Historie der
Paßion, woran die verschiedene Jahre auf mehrere ganze Ausgaben keine Deutung seynd. Daß
die Paßion nur ein einzigmal in Kupfer, und
diese in verschiedenen Jahrgängen gestochen, aus
16 und nicht mehr oder weniger Blätter bestehet,
darauf ist unwiedersprechlicher Verlaß zu machen.
Ich besitze vorbeschriebene 16 Stück in wahrhaf-
ten Originalien, die davon gegebene Beschreibun-
gen, seynd Blatt vor Blatt ganz umständlich,
wie man ersehen wird, davon abgenommen und
können also keinem Irrthum ausgesetzt gewesen
seyn. Mithin werden Knorr sowohl als Schöber,
vermuthlich nur hinlänglich wiederlegt, und ihre
nicht gründliche Nachrichten Kraftlos dahin ge-
streckt seyn.

Christus am Oehlberg, Eisenstich.

No. 20. Christus betend am Oehlberg mit
seinen Jüngern, welche in der Ferne schlafen: Vor
ihm auf der Höhe stehet der Kelch, in welchem ein
Creutz, neben diesem aber ein Engel in den Wolken

ken zu sehen ist. Der hinter Grund zeigt die of-
fene Garten-Thür, durch welche der Verräther
mit seinem Gefolge nach ihm eilet, $\underset{AD}{1515}$ wird unten bemerkt. Es ist zugleich ein seltenes und ra-
res Blatt.

8¼ 3. hoch, 6 3. breit.

Das fliegende Schweistuch, Eisenstich.

No. 21. Ein in Wolken schwebender Engel,
welcher das Schweistuch Christi mit beiden Händen hält, unter ihm knien noch vier Engel in den
Wolken, welche die Marter-Instrumente halten,
an der linken Seite aber stehet $\underset{AD}{1516}$. Die letztern Abdrücke von diesem Blatt beweisen, daß die
eisern Platte sehr vom Rost verfressen worden, indeme dessen Flecken garstige Abdrücke verursacht.

7¼ 3. hoch, 5 3. breit.

Das gehaltene Schweistuch.

No. 22. Zwey Engel in prächtigen Quanten,
wovon der rechter Seite das mit der Dornen-
Crone besetzte Haupt Christi auf einem Schweistuch mit beiden Händen oben und unten hält, der
linker Seite aber verwendet nur die rechte Hand
darzu, die andere aber streckt er verwunderend aus.
Zwischen beiden Englen unten in der Mitte stehet
auf einem Viereck $\underset{AD}{1513}$

4 3. hoch, 5½ 3. breit.

Wierx

Wierx hat eine schöne Copia von der Gegenseite davon verfertiget, welche an dem oben darüber stehenden Æ 15. erkenntlich ist.

Das kleine *Ecce homo* von 1512. feiner Eisenstich.

No. 23. Ein Christus-Bild nach der Rechten sehend, stehet hier mit der Dornen-Crone, zusammen gebundenen Händen, und einem um sich geschlagenen Quant. Linker Hand erblickt man einen Baum, und oben rechter Seite $\begin{smallmatrix} 1512 \\ AD \end{smallmatrix}$

Hiervon läuft eine schlechte Nürnberger Copia von der Gegenseite herum.

Das grosse *Ecce hommo* * von 1512. Eisenstich.

No. 24. Den mit Dornen gekrönten in einem Quant stehenden Christus, erblickt man, linker Hand auf vier erhabenen Stufen unter einem schönen Gebäude, zu seiner Rechten stehet Pilatus hinter einem Geländer ihn sprechend ansehend, hinter dem Heyland erblickt man einen Knecht, der ihm den auf der Brust zugekrapten Mantel zurückschlägt, und ihme dadurch beide Arme entblößt

---

* Dieses und das Ecce homo der grossen Jo. Passion in Holzschnitt, haben ein und dieselbige Vorstellung, so wie die Dreyfaltigkeit und das jüngste Gericht, auch unter Dürers grossen Holzschnitten, ohne einige Abänderung vorkommen.

blößt. Im Vor= und Hintergrund stehen viele
Kriegs=Knechte und anderes Volk mit Schwerder,
Spieß und Stangen, die Christum unter man=
cherley Gesichts=Bildung aushöhnen. Eine kleine
wunderliche in die Höhe steigende Figur mit einer
Ruthe machet an diesem Blatt im Vorgrund ein
besonderes Wahrzeichen aus. Im rechten Eck
unten lieset man A D. und gleich darneben

Ecce homo, nil dicis: dic Ecce Deus, cadet Ira: 1512.

Nulla Deum ast hominem, turba necare potest.

7 Z. hoch, 5 Z. breit.

Dieses ist eins der allerseltesten Blätter Dü=
rers, denen wenigsten Liebhabern ist es jemahlen
vor Augen gekommen; in keiner Sammlung und
in keinem Schriftsteller habe es noch bemerkt ge=
sehen, der Besitz dieses Blats machet mir dahero
nicht wenig Vergnügen.

Das Ecce homo, ohne Jahrzahl.

No. 25. Ein Christus stehet mit der Dornen=
Crone und einem um die Lenden geschlagenen Tuch
an einem Baum, im Ausstrecken der beiden Armen
zeiget er die Nägelmahl seiner Hände, auf der Er=
den liegen Quant, Würfel, Schwamm und
Ruthe, neben seinen Füssen aber ein Todtenkopf.
Im linken Eck unten erblickt man AD.

4$\frac{1}{2}$ Z. hoch, 2$\frac{1}{2}$ Z. breit.

Eine umgekehrte Nürnberger Copia findet sich
hiervon.

Die

Die grosse Creutzigung.

No. 26. Chriſtus am Creutz, zu ſeiner linken ſtehet Johannes in erbärmlicher Bildung und erhabenen zuſammen gefaltenen Händen, vor dem Creutze ſtehen und ſitzen die vier heiligen Weiber. In der Ferne ſiehet man eine landſchaft und unten ein Täfelgen, woran ein Eck fehlt mit $\frac{1508}{AD}$

5 Z. hoch, 3 ¾ Z. breit.

Dieſes Blatt copirt, die beygeſetzte Buchſtaben Æ. 15. und ICV. ex zeigen, daß es Wierx copirt, und Joh. Corn. Fiſcher verlegt hat.

Die Dreyfaltigkeit.

No. 27. Gott Vater mit einer dreyfachen Päbſtlichen Crone auf dem Haupt, welcher den todten leichnam Jeſu in ſeinem linken Arm auf dem Schoos hält. Ober ihm ſchwebet der heil. Geiſt, neben herum ſeynd viele Engel ſo die Marter=Inſtrumente halten, unterhalb blaſen die vier Winde, in deren Mitte AD auf einem Täfelgen zu ſehen iſt. Ein rares Blatt.

5 ½ Z. hoch, 4 ½ Z. breit.

Das jüngſte Gericht.

No. 28. Chriſtus ſitzet in den Wolken, die Weltkugel zu ſeinen Füſſen, an der einen Seite des Haupts iſt ein Schwerd und der andern ein Scepter, zu beiden Seiten neben ihm ſtehen Engel Poſaunen haltend, vor dem Heyland kniet ſeine Mut=

Mutter und Johannes. Unten zur linken werden die Verdammten in Höllen-Rachen gejagt, rechter Hand aber gehen die Gerechten zur ewigen Wonne ein, darzwischen stehet ein Täfelgen mit AD, unter welchem sodann folgendes zu lesen ist:

Zur selbigen Zeit wirt dein Volk errettet werden, alle die im Buch geschrieben stehen vnd viel so unter der erden schlafen liegen werden aufwachen, etliche zum ewigen Leben, etliche zur ewigen Schmach und Schande. Daniel 12 C.

5 ¼ 3. hoch, 3 ¾ 3. breit.

NB. Dieses Blatt halte für eins der ersten Arbeiten Dürers in Kupfer gestochen. Es ist das unvollkommenste in der Ausführung und das einzige der Art in Bezeichnung seines Nahmens, auf allen andern Blättern stehet das D im A, hier aber stehet das D neben dem A. Mit der Unterschrift ist es sehr selten zu haben.

Der verlohrne Sohn.

No. 29. Der verlohrne Sohn, wie er mit zusammen gefalteten Händen mitten unter den Schweinen vor einem Trog nach der linken kniet. Im Hintergrund siehet man ein Dorf mit vielen Gebäuden. Gemeiniglich wird diese demüthige Vorstellung für Dürers eigen Portrait gehalten. Zu unterst in der Mitten stehet das gewöhnliche AD.

9 ½ 3. hoch, 7 ½ 3. breit.

Marien-

Marien-Bilder.

Maria und Anna.

No. 30. Anna stehet bey der Jungfrau Maria, so ein Kindlein in dem rechten Arm liegen hat, welches mit beiden Händen eine Frucht hält. Oben in den Wolken erblickt man Gott Vater, darunter der heil. Geist schwebt. AD stehet zu unterst an einem Täfelgen.

4½ Z. hoch, 2¾ Z. breite

Maria auf einem halben Mond ohne Jahrzahl.

Nó. 31. Eine Mutter Gottes, welche das Jesu-Kindlein auf dem rechten Arm hat, um ihr Haupt gehet eine schmahle Stirnbinde, unter welcher die Haare fliegend herab hängen. Sie stehet auf einem halben Mond und ist mit einem Schein umgeben. Untenher erblickt man das AD.

4 Z. hoch, 2½ Z. breit.

A.) Copia mit verändertem Zeichen.

B.) Eine geringe Copia.

Maria auf einem halben Mond mit 1514.

No. 32. Maria stehet auf einem halben Mond und hält das Jesu-Kindlein mit beiden Armen auf der rechten Seite, ihr Haupt ist mit einem schmah-

len

len Band, der ganze Cörper aber mit einem Schein umgeben. Unten im rechten Eck stehet $\frac{1514}{AD}$

$4\frac{1}{2}$ 3. hoch, 3 3. breit.

A.) Copia von nehmlicher Seite.

B.) Copia von dito Seite ohne Jahrzahl, bezeichnet CIV. in einander geschlungen ex.

Maria mit der Sternen-Cron von 1508.

No. 33. Die Mutter Gottes auf einem halben Mond stehend mit dem Kindlein auf dem linken Arm, welches nach einer Frucht reicht, unter der auf ihrem Haupt sitzenden Sternen-Crone hangen fliegende Haare herab, übrigens aber ist das ganze Bild mit einem Schein umgeben. Im linken Eck unten ließt man $\frac{1508}{AD}$

$4\frac{1}{2}$ 3. hoch, $2\frac{1}{4}$ 3. breit.

Hiervon siehet man eine schöne Copie von der Gegenseite.

Maria mit der Sternen-Cron von 1516.

No. 34. Maria mit dem Kindlein auf dem rechten Arm, hält mit der linken Hand einen Scepter, eine Sternen-Crone aber bedeckt ihr Haupt, von welchem die Haare herunter hangen, auf einem halben Mond stehend umgiebt sie ganz ein Schein. Unten zur Rechten stehet A D und oben 1516.

$4\frac{1}{2}$ 3. hoch, 3 3. breit.

B

Die

Die säugende Maria von 1503.

No. 35. Die Mutter Gottes sitzend mit einem Schleyer um den Kopf, säuget das Kindlein. Hinter ihr befinden sich einige zusammen gebundene Stänglein, auf welchen ein Vogel sitzt und daran ein Täfelgen mit 1503 hängt, an einem Stein unten stehet das AD.

$4\frac{1}{2}$ Z. hoch, $2\frac{1}{2}$ Z. breit.

A.) Copie von nehmlicher Seite mit der veränderten Jahrzahl 1566.

B.) Copie der Gegenseite so dreymahl grösser als das Original ist, hinten siehet man noch eine Landschaft, und vornen zwey Haasen und ein Pudelhündgen zugesetzt. Unten stehet Pet. Ouerrdt excu.

Die säugende Maria von 1512.

No. 36. Maria sitzt auf einem Querbalken hinter welchem man Gras wahrnimmt, in dem rechten Arm hält sie das mit einem dreyzackigten Schein umgebene Kindlein, mit der linken Hand aber reicht sie ihm die Brust dar, um ihr gegen die Seite geneigtes, und mit einem Schein umringtes Haupt hat sie eine Perlen-Schnur und darüber einen hängenden Schleyer, unten aber in dem linken Eck liegt ein Stein mit $\frac{1512}{AD}$

$4\frac{1}{2}$ Z. hoch, 3 Z. breit.

Die säugende Maria.

No. 37. Die Mutter Gottes sitzet linker Sei-

te auf einem Kiſſen, mit dem rechten Arm reicht
ſie dem Kind die Bruſt, welches ſie im andern Arm
liegen hat, hinter ihrem verſchleyerten Kopf nimmt
man ein groſſes offenes hölzern Thor wahr durch
welches ein von einer hohen Mauer umgebenes Clo-
ſter ſichtbahr wird, an deſſen rechter Seite ein
dicker runder Thurn ſich beſonders ausnimmt,
gleich über welchem Gott Vater und der heil. Geiſt
in den Wolken erſcheinen die von vielen Cherubi-
nen umgeben ſeynd. Am rechten Arm der Maria ſtehet ein Plock an dem ein geflochtener Zaun
befeſtiget iſt, hinter welchem man den Stamm eines Baumes und ſofort eine weite Ausſicht wahrnimmt, unten aber vor dem Bild liegt ein Täfelgen mit AD. Es iſt eines der ſchönſten, aber auch
ſelteſten Mutter Gottes Bilder Dürers.
6 ¼ Z. hoch, 5 Z. breit.

Maria am Baum von 1513.

No. 38. Maria ſitzt auf und in einem Geländer mit dem Rücken gegen einen Baum gekehrt,
mit beiden Armen drückt ſie das Kind an ſich, ihr
bloſes Haupt iſt mit einer Schnur Perlen umgeben, über welchem $\frac{1513}{AD}$ ſtehet. In der Ferne
aber ſiehet man durch etliche zuſammen gebunden
Stänglein ein ofnes Gewäſſer.
4 ½ Z. hoch, 3 Z. breit.
Eine Copie findet ſich hiervon.

Maria

Maria mit dem Beutel von 1514.

No. 39. Maria auf einem erhabenen und mit Staflen versehenen Stein sitzend, hält das Kindlein mit beiden Armen auf ihrem Schoos so einen Apfel in der linken Hand hat. Ihr Haupt ist mit einem Schleyer bedeckt und an ihrer Seite hängen in einem Gürtel ein Beutel und Gebund Schlüssel. Im Hintergrund erblickt man viele Gebäude und einen runden Thurn, auf linker Seite aber am Gemäuer ein Viereck mit $\begin{array}{c}1514\\ AD\end{array}$ Es ist ein seltenes Blatt.

5 $\frac{1}{2}$ Z. hoch, 4 Z. breit.

A.) Schöne Copia von der Gegenseite, aber ohne alle Nahmensbezeichnung; sogar diejenige des Dürers fehlet daran.

B.) Copia der Gegenseite, an dem unten rechts stehenden Æ 14 ersiehet man, daß Wierx der Verfertiger davon ist.

Maria mit der Birne von 1511.

No. 40. Maria sitzt in einer Landschaft wieder dem Stamm eines Baumes und hält in der rechten Hand eine Birne, mit der linken aber das Kind auf ihrem Schoos. Um ihr bloses Haupt hat sie eine Schnur. In der Ferne erblickt man eine Brücke mit hohen Gebäuden, oben in einem Feldgen stehet 1511 und unten in einem liegenden Täfelgen AD.

6 Z. hoch, 4 Z. breit.

A)

A.) Schöne Copia nehmlicher Seite, die vom Original nur an den Ziffern der Jahrzahl etwas unterschieden ist.

B.) Copia der Gegenseite.

Maria mit dem gewickelten Kind
von 1520.

No. 41. Die Mutter Gottes sitzt auf einem breiten Kissen und hält das gewickelte Kind mit beiden Armen auf ihrem Schoos, beide seynd mit Schein umgeben. Rechter Seite in der Ferne erblickt man eine Landschaft, und unten im Viereck 1520 AD

5 ½ Z. hoch, 3 ½ Z. breit.

A.) Copie der Gegenseite von Wierx mit Æ. 14.

B.) Schlechte Copie der Gegenseite, auf welcher ein verkehrter Dritter statt Fünfter in der Jahrzahl stehet.

Maria mit dem Aff.

No. 42. Maria sitzt auf einem Geländer, in dem rechten Arm hat sie das nackente Kind liegen, welches einen Vogel auf seiner rechten Hand sitzen hat, die linke Hand aber hat Maria auf ein Buch gestäupt, neben ihr sitzt ein an einem Riemen befestigter Aff, vor welchem das gewöhnliche AD zu sehen ist. In der Ferne siehet man eine Landschaft, und linker Hand ein Haus auf erhabenem Ufer stehen.

7 Z. hoch, 4 ½ Z. breit.

B 3

A)

A.) Copie nehmlicher Seite mit IHW. Æ 17. bezeichnet.

B.) Copie nehmlicher Seite, so nicht allein schlecht gearbeitet, sondern sogar auch ohne Dürers oder einiger andern Nahmensbezeichnung ist.

C.) Copie so Knorr angiebt mit S. H. V. I. verschlungen bezeichnet.

Maria mit dem schwebenden Engel.

No. 43. Die Mutter Gottes mit fliegenden Haaren und einem Schein, sitzt auf einem grossen Kissen, welches auf einer brettern Bank liegt, mit beiden Armen hält sie das Kind auf dem Schoos, welches auf seiner rechten Hand einen Vogel sitzen hat, und ebenfalls mit einem Schein umgeben ist. In der Luft schwebt ein Engel der mit beiden Armen eine Stirnbinde über die Maria hält.   In der Ferne erblickt man eine Stadt im Gebüsch und ein Täfelgen im Vorgrund mit $\frac{1520.}{AD}$ Es ist ein rares Blatt.

5 ½ 3. hoch, 4 3. breit.

Copia von der Gegenseite so etwas geringe.

Maria mit zwey schwebenden Engel.

No. 44. Die Jungfrau Maria sitzt auf einem Stein, mit dem linken Arm hält sie das Kind auf dem Schoos, in der rechten Hand aber einen Apfel, ihr Haupt ist mit einer Binde von Rosen umgeben unter welcher die fliegende Haare herab

herab hangen, darüber zwey Engel schweben die eine Crone halten. Hinter dem Bilde stehet ein Zaun durch welchen man in eine Landschaft siehet, vor ihr aber liegt ein Stein mit $\frac{1518}{AD}$

$7\frac{1}{2}$ 3 hoch, 5 3. breit.

A.) Copie der Gegenseite von Wierx mit Æ. 14.

B.) Copie der Gegenseite, statt Dürerischen Zeichen aber stehet 1596 verzogen auf dem Stein. M. V. G.

C.) Copie der Gegenseite, so nur zwey Drittel=Grösse des Originals hat und statt Dürerischer Nehmen H C B bezeichnet ist.

Maria und Joseph.

No. 45. Die Mutter Gottes in blosem Haupt mit dem Kindlein Jesu auf dem rechten Arm, sitzt auf einem Geländer von Bretter so auf beiden Seiten mit Pfählen befestiget ist, neben ihr der schlafende Joseph, darüber aber in den Wolken ist die Dreyeinigkeit; Gebäude, Landschaft und ofnes Gewässer in der Ferne. Warum aber Dürer das unten in der Mitten stehende d so klein in das A gesetzt, weiß anderst nicht zu deuten, als daß dieses vielleicht ein erstes Blatt ist, wo er sein hernach gewöhnliches Zeichen noch nicht angenommen hatte. Es gehöret mit unter die Zahl der sehr raren Blätter Dürers.

$9\frac{1}{2}$ 3. hoch, 7 3. breit.

NB. In dem Verkaufs=Catalog, Jan Lucas

B 4   van

van der Duſſen welcher Ao. 1774. in Amſterdam
herausgekommen iſt, befanden ſich 87 Original-
Blätter Dürers, die zwey L. Kilianiſche und zwey
W. Hollariſche Portrait vom Dürer, nebſt vier
raren Copien der Sadler nach Dürers Gemählden, welche zuſammen à 390 fl. Holl. verkauft worden ſeynd.   Das ſeltenſte aber, ſo dieſe Sammlung enthalten und warum ich ſolcher hier erwehne
iſt ein ſtehendes Marienbild auf einem halben Mond
mit dem Kind auf dem Arm von Ao. 1515 ſo mir
niemahlen zu Geſichte und auch in keiner Beſchreibung vorgekommen iſt.   Da ich nun verſprochen
habe kein Blatt hier einflieſſen zu laſſen, welches
ich nicht ſelbſten unterſucht hätte, ſo füge dieſes
nur zur Nachricht an.

Die

Die Apostel.

St. Philippus.

No. 46. Dieser Apostel stehet im Durchschnitt nach der Rechten im blosen Kopf, einem langen, am Hals zugemachten bis auf die Füsse hängenden Mantel, der linke Fuß und die beiden Hände seynd theils bloß, in der rechten hält er einen langen Stock mit einem Creutz, in der linken aber hat er ein Buch liegen. Der Hintergrund ist ein Felsen zu dessen Seite ein Täfelgen mit $\frac{1526}{AD}$ liegt.

St. Bartholomäus.

No. 47. Bartholomäus mit blosem Haupt, stehet mehr nach der Rechten, welche Hand er auch unter dem langen Mantel aufhebet und das Mes-ser damit hält. In dem linken Arm hat er ein Buch, zu hinderst aber am Fuß eines Baumes ein Täfelgen mit $\frac{1523}{AD}$ liegen.

St. Thomas.

No. 48. Der unglaubige Thomas kehret sein mit einem Schein umgebenes Haupt nach der Rech-ten, in deren Hand er auch einen langen Spieß hat, mit dem linken Arm aber reckt er unter sei-nem weiten Quant hervor, und hält damit ein halb ofnes Buch. An einem im hintern Grunde

B 5

sichtfichtbahren Staffel=Gemäuer ließt man in einem Viereck $\frac{1514}{AD}$.

St. Simon.

No. 49. St. Simon mit seinem blosen Kopf nach der linken sehend, reckt zu beiden Seiten aus seinem weiten Quant die zwey Hände hervor, in deren rechten er die Säge hält, die linke aber hinter derselben auf dem Arm aufliegen hat, $\frac{1523}{AD}$ erblickt man unten auf der linken Seite.

St. Matthias.

No. 50. Dieser Apostel wendet den mit einem Schein umgebenen Kopf nach der linken, mit deren Hand er auch unter seinem Mantel hervor reckt und auf ein ofnes auf dem rechten Arm liegendes Buch deutet. An seinem rechten Fuß liegt ein Schwerd, gleich ober diesem an einem Gemäuer erblickt man $\frac{1514}{AD}$ in der Ferne aber einen Prospect.

Die fünf Blätter der Apostel seynd von gleicher Grösse, es ist demnach hinlänglich, wann ich hier auf einmahl anzeige, daß deren Höhe 4 $\frac{1}{2}$ 3. und Breite 2 $\frac{3}{4}$ 3. enthält.

Sämmtlich Dürerische Apostel hat Wierx von der Gegenseite geschickt copirt und theils mit seinen Anfangsbuchstaben, theils auch nur mit seinem gewöhnlichen Æ bezeichnet. Was übrigens die fal=

falſche Angabe von zwölf Apoſtel betrift, darüber
leſe man die weitläuftige und gründliche Wieder-
legung in der Vorerrinerung nach, alwo hinlänglich bewieſen worden, daß Dürer niemahlen mehr
als nur vorbeſchriebene fünf Apoſtel in Kupfer geſtochen hat.

Heilige.

St. Sebastian am Baum.

No. 51. Sebastianus an die rechte Seite ei=
nes Baumes gebunden, an deſſen einen Aſt ſeine
beide Arme über ſeinem Kopf creutzweiſe befeſtiget
ſeynd. Die vier in ſeinem Cörper ſteckende Pfeile
verurſachen ihm ein tödtliche Bildung, das hinten
an einem Aeſtgen befeſtigte Viereck aber iſt mit AD
bezeichnet.

4½ Z. hoch, 3 Z. breit.

A.) Copie der Gegenſeite.

B.) Copie der Gegenſeite ſo von der Jahrzahl
der ſchlechten mehr erwehnten Nürnberger iſt.

St. Sebaſtian an der Säule.

No. 52. Dieſer Heilige mit beiden Armen hin=
ter ſich an eine Säule gebunden und mit vier Pfei=
len durchſchoſſen, lenkt den Kopf nach der linken.
Die Ferne zeigt einiges Gebürg an einem Gemäuer,
aber hinter ihm erblickt man ein Täfelgen mit AD.

4 Z. hoch, 3 Z. breit.

Eine Nürnberger Copie hiervon.

St. Chriſtoph.

No. 53. Der groſſe Chriſtoph, wie er mit
dem von einem Schein umgebenen Kindlein Jeſu
auf der linken Achſel durch ein flieſſendes Waſſer
geht, mit beiden Händen ſtützt er ſich auf einen
dicken Stock und wendet ſeinen Kopf dergeſtalt
hin=

hinter sich, daß er nur im Durchschnitt sichtlich ist. In der Ferne erblickt man in einer gebürgigten Gegend einen aus seinem Häusgen gekommenen Einsiedler mit einer brennenden Fakel in der linken Hand, in welchem Eck im Vorgrund auch ein Stein mit $_{AD}^{1521}$ liegt.

4½ Z. hoch, 3 Z. breit.

St. Christoph.

No. 54. Der heilige Christoph gehet mit dem von einem Schein umgebenen Jesu = Kindlein auf der linken Schulter durch ein fliessendes Wasser, beide Hände stützt er auf einen dicken Stock, während das Kind seinen rechten Arm auf des Heiligen Kopf liegen hat und zwey Finger in die Höh reckt. In der gebürgigten Ferne erblickt man eine Cappelle und vornen am Ufer einen alten Eremit mit einer brennenden Fackel in der rechten Hand. Auf dem im rechten Eck liegenden Stein stehet 1521 AD

4½ Z. hoch, 3 Z. breit.

St. Georg stehend.

No. 55. Der Ritter St. Georg stehend und durchaus geharnischt, mit einem Schein um das Haupt und einer Fahne im rechten Arm. Hinter ihm liegt der tode Drach, vor diesem aber sein gefederter Helm und Dürers Täfelgen mit AD.

Die

Die Ferne zeigt ein ofnes Wasser mit Gebäuden, und rechter Seite auf einer Anhöhe etliche ange=bundene Stänglein.

4½ Z. hoch, 3 Z. breit.

St. Georg zu Pferd.

No. 56. Auf einem nach der linken stehenden Pferd sitzt dieser Ritter mit einer Fahne durch den linken Arm und einem Schein um den Kopf, in vollem Harnisch. Hinter dem schönen Pferd liegt der tode Drach, davor aber ließt man auf einem

Viereck 1508 AD

4 Z. hoch, 3 ¼ Z. breit.

Das bekannte Fränzgen von Sickingen hat man ganz genau, nur mit verändertem Kopfputz nach diesem St. Georg nehmlicher Grösse copirt. Uebri=gens aber seynd beide Blätter dieses Heiligen rar.

St. Antonius.

No. 57. Ein auf der Erden sitzender heil. An=tonius mit der Kappe übern Kopf ließt in einem Buch, linker Seite liegt sein Huth, auf der rech=ten aber stehet ein langer Stock mit doppeltem Creutz und einem Klöckgen daran. Der Hintergrund stellt ein weitläuftiges Berg=Schloß in altem teut=schen Geschmack vor, an dessen Fuß ein stehendes Wasser ist, gleich dabey aber siehet man ein Viereck

mit 1519. AD Es ist ebenfalls rar.

4 Z. hoch, 5½ Z. breit.

A.)

A.) Eine schöne Copie der Original-Seite von diesem Blatt.

B.) Eine etwas geringere Copie.

St. Genoveva.

No. 58. Die nackende Genoveva sitzt in der Höhlung eines Felsens ihr Kind säugend. In der auf rechter Seite sichtlichen Ferne erblickt man einen ackigten Mann der auf alle vier kriegt, dessen Kopf mit einem Schein umgeben ist. Unten in der Mitten stehet das gewöhnliche AD.
7 Z. hoch, 4½ Z. breit.

St. Hyeronimus, Eisenstich.

No. 59. Dieser Heilige wieder einen Felsen sitzend, an dessen Seite ein grosser Baum befindlich ist. Hieronimus falt beide Hände betend zusammen, vor sich hat er ein auf zwey Steinen quer über ruhendes Bret mit ofnem Buch, zu seinen Füssen aber im rechten Eck einen Löwen liegen. An dem rechter Seite stehenden Felsen nimmt man AD, ganz oben in der Mitten aber 1512 wahr. Dieses Blatt ist überaus selten.
8 Z. hoch, 7¼ Z. breit.

St. Hyeronimus in der Stube.

No. 60. Der heilige Hyeronimus mit einem Schein umgeben sitzt in der Stube hinter einem Tisch vor einem Schreibpult und schreibt. Rechter Seite fällt durch verschiedene Fenster mit runden

den

den Scheiben ein schönes Tag=Licht ins Zimmer, welches mit allerhand Hausrath versehen ist. Vornen liegt ein grosser Löwe, zu dessen Rechten ein schlafender Hund, zu seiner linken aber ein Täfelgen mit $\overset{1514}{AD}$ Auf dem Tisch stehet im äusseren rechten Eck ein Creutz, vor den Fenstern lauft eine Bank hin worauf zwey Kissen und drey Bücher liegen, ober denselben auf dem Gesimse stehet ein Todtenkopf, darneben ein Buch, hinter dem Heiligen hängt sein Huht und eine Sanduhr, oben an der Decke aber ein Kürbis. Es ist ebenfalls rar.

9½ Z. hoch, 7 Z. breit.

Copie der Original=Seite von Wierx, bezeichnet I. R. W. Æ 13.

St. Hironimus kniend.

No. 61. Ein halb nackigter Hironimus, wie er vor einem auf dem Felsen steckenden Crucefix kniet, in der rechten Hand hält er einen Stein, mit der linken aber sein Quant, auf welcher Seite auch der grosse Löwe liegt. Hinter dem Heiligen sieht man schrofe Felsen oben mit Gebüsch bewachsen und darhinter eine Capelle. In der Ferne wird Gewässer mit Gebäuden, im Vorgrund mitten unten aber das AD erblickt. Dieser Hieronimus ist ein überaus seltenes Blat.

12 Z. hoch, 8½ Z. breit.

St.

St. Hubertus. *

No. 62. Dieser Heilige so ein Herzog von Bayern gewesen seyn solle, kniet von der rechten Seite mit aufgehobenen Händen in einem kurzen Jagd-Habit vor einem zwischen den Bäumen auf der linken Seite sich ihm zeigenden Hirsch, so ein Creutz zwischen den Geweihen hat. Sein von letzt-bemeldter Seite gegen ihn stehendes gesatteltes Pferd ist an einen Baum angebunden, fünf, theils liegende, theils stehende Hunde seynd nebst dem **AD** im Vorgrund angebracht. In der Ferne rechter Seite erblickt man ein hohes Berg-Schloß, an dessen Fuß aber ein stehendes Wasser mit einer Brücke darüber. Als etwas besonders ist bey diesem Blatt anzuzeigen, daß es auf der rechten Seite ½ Zoll länger als auf der linken ist. Das Maaß ist auf ersterer genommen, woselbsten solches 14 Z. lang und 10 Z. breit ist. Das Original bleibt demnach allemahl das längste, keine von nachfolgenden vier Copien kommen ihm weder an Länge noch Breite bey.

A.) Copie der Original-Seite so sehr genau nachgeahmt ist, bey näherer Untersuchung bemerket man aber doch im Original viel feinere Ausarbeitung, besonders am Hirsch, auf dessen vorderen linken Fuß in dieser Copie das Licht zu stark

C

aus-

---

* Ich begreife nicht warum in Frankreich dieses Blatt unter dem Nahmen le Manége bekannt ist.

ausgedruckt ist, wie es dann auch um zwey Linien
kürzer und eine Linie schmähler als das Original ist.

B.) Copie der Gegenseite so um drey Linien
kürzer als das Original ist.

C.) Copie auch der Gegenseite so Wierx gestochen, und fünf Linien kürzer als das Original ist.

D.) Copie der Original-Seite so nicht allein
schlecht und 1½ 3. kürzer, sondern auch ohne
Dürers Zeichen ist. Doch hat sie folgende Unterschrift:

S. Eystachius venantium & Peregrinantium
    Patronus Populi.
Der heilige Eystachius ein Patron der Jäger
    und der Reisenden.

Albrecht Schmid.

E.) Copie der Gegenseite in einem kleinen Oval,
2 3. hoch mit Dürers AD auf der linken Seite.
Es scheint das Anhäng-Zeichen des Hubertus Or-
den zu seyn.

NB. Um das Original des heiligen Huberti in
ein helles Licht zu setzen, so finde hier nöthig mich
darüber weitläuftiger auszudehnen; man glaubt
gar nicht wie lange bald die eine, bald die andere
Seite sogar von grossen Kennern für Original gehalten worden ist, bis endlich durch viele und man-
nigfaltige Untersuchungen auf den rechten Grund
der Sache folgendermasen gekommen bin.

Vor etwa sechs Jahren, als ich anfienge in
Kunstsachen mich einzulassen und die Kupferstich
des Dürers zu sammlen, erhielte ich die genaue

Copie

Copie Lit. A. für Original, jedermann den ich dieserwegen befragte, bestättigte es und zeigten mir in ihren Sammlungen das nehmliche Blatt. Wer war damit zufriedener als ich, diese Zufriedenheit aber währte nicht länger als etwa drey Jahr, da entdeckte ein sicherer Liebhaber den schönen Gegenstich Lit. B. welchen er einem Kupferstich = Händler vor zwey Ducaten, als ächt Original, wofür ihn damahlen jedermann hielte, verkaufte, welcher bemeldtes Blatt, hernach an einen angesehenen Herrn in Maynz für vier Ducaten wieder absetzte. Als nun im Monat Januarii vorigen Jahrs der Bolzmännische Ausruf in Regenspurg gehalten wurde, so gabe auf die darinnen vorgekommene angebliche Copie und Original St. Huberti Commission. Ich erhielte auch beide Blätter richtig und wurde bey Ansichtigung derselben dermassen getäuscht, daß ich mir von keinem Menschen den wahren Besitz des ächt und unächten mehr abstreiten liesse bis ein dritter Auftritt mich aufs neue in Gährung brachte, und ein sicherer Freund die Copie Lit C. bekame, so auch die getäuschte muthmaßliche Originalseite hatte. Obwohlen davon alle mögliche Bezeichnung ausgeschnitten und davor mit Grundstrich überzogen waren, so fande man nach reiflicher Untersuchung aber doch, daß es Wierrische Arbeit und eine absonderlich dritte Copie sey.

Von diesen drey unterschiedenen Abdrücken in Unordnung gebracht, mußte wegen Sicherheit des

C 2 Ori=

Originals nun nicht wie ich mich verhalten sollte,
bis ich ohngefehr befragt wurde, ob ich die in der
Mitte des zweyt vorigen Jahrhunderts schon ge-
sammelte Blätter Dürers auf hiesiger Stadt-Bibliotheck durchgangen und den Hubertus daselbsten
besehen hätte: Diese Frage war an mich kaum ge-
schehen, als ich den folgenden Tag gleich dahin
gienge und das Nähere untersuchte, allwo ich
dann zu meiner grösten Verwunderung fande, daß
unter den drey verschiedenen vorerwähnten Abdrücken kein Originaler war und bey alle dem be-
stunde der geschwinde sichtliche Unterscheid, doch
in nichts anderst, als daß das wahre Dürerische
das längste und breiteste gewesen ist.

Ich hätte gewünscht den Liebhabern und Kennern ein besseres und gleich mehr ins Auge fallendes
Merkmahl angeben zu können. In der umständlichen Beschreibung habe zwar so gut thunlich gewesen, jede Seite genau angezeigt wie es im Original enthalten ist, da die Copie L. A. aber viele
Aehnlichkeit bis auf die feinere Ausarbeitung damit
hat, so mußte mich hauptsächlich an das Maas
halten und zu besserer Aufklärung sogar die Linien
bemerken, deren zwölf in einem Nürnberger Zoll
enthalten seynd.

Wie schwehr ein ächtes Original zu finden, und
wie viele Liebhaber sich in ihrer Vermuthung be-
trügen werden und schon manchmahl betrogen haben, ein solches wird jedermann aus vorhergehen-
den umständlichen Verlauf ersehen können und sich
nun wahrzunehmen wissen.

Portraite.

Portraite.*

Der kleine Cardinal Albertus von Maynz.

No. 63. Dieses Cardinals Portrait, mit einer Mütze auf dem Haupt, etwas nach der linken sehend, rechter Seite ober dem Kopf stehet das Wappen und darunter auf einem hinter der Person hinlaufenden Vorhang das gewöhnliche AD. Im obern linken Eck ließt man folgendes:

Albertus. Mi. Di. Sa. Sanc.

Romanae. Ecclae. Ti. San.

Chrysogoni. Pbr. Cardina.
Magun. ac. Magde. Archi-

Eps. Elector. Jmpe. Primas
Admini. Halber. Marchi.
Brandenburgensis.

unten aber:

Sic. oculos. sic. ille. Genas. Sic.
ora ferebat
Anno. Etatis sue XXIX.
M. D. XIX.
5½ Z. hoch, 4 Z. breit.

C 2 Der

* Pag. 91. sagt Schöber A°. 1519 hat er des Kaysers Maximiliani I. Bildnis sehr groß in Kupfer gestochen, auch nach dieser Zeit kleiner nebst seiner Gemahlinn. Von beiden habe in meinem Leben

Der grosse Cardinal-Albertus von Maynz.

No. 64. Albertus von der Rechten nach der Linken im Profil, mit einer Cardinals-Mütze auf dem Haupt, vor sich hat er sein Wappen, hinter sich unten im rechten Eck aber das AD stehen. Ueber seinen Kopf liest man:

M. D. XXIII.

Sic. Oculos. Sic. ille. Genas. Sic. Ora. Ferebat
Anno. Etatis. Sue. XXXIIII.

unten aber stehet:

Albertus. Mi. Di. Sa. Sanc. Romanae. Ecclae. Ti. San.

Chrysogoni. Pbr. Cardina. Magun. Ac. Magde.

Archieps. Elector. Jmpe. Primas. Admini.
Halber. Marchi. Brandenburgensis,
$6\frac{1}{2}$ Z. hoch, 5 Z. breit.

Hiervon zwey einerley Nürnberger schlechte Copien von der Gegenseite, wovon die eine schwarz, die andere aber braun, und schwarz gedruckt ist. Letztere ist es davon schon in meiner Vorerinnerung gehandelt habe, und woselbsten das darauf gesetzte falsch ersonnene Zeichen angeführt ist.

Churfürst Friedrich von Sachsen.

No. 65. Dieser Churfürst in ganzer Bildung, etwas nach der Rechten sehend, mit einem Kunst-
reichen

keines gesehen, mithin wird man solche hier oben so wenig als des Arend weiters angegebene Portraite eingeschaltet finden.

reichen grausen Kien-Bart, einen grossen Pelzman-
tel und einem sonderbaren Huht auf dem Haüpt.
Oben in beiden Ecken stehen die zwey verschiedene
Sächsische Wappenschilder, rechter Seite aber an
der Schulter erblickt man das AD unten hingegen
im grossen länglichten Viereck stehet:

Christo. Sacrum.
Jlle. Dei Verbo. Magna. Pietate. Favebat.
Perpetua: Dignus. Posteritate. Coli.
D. Fridr. Duci. Saxon. S. R. Jmp.
Archim; Electori.
Albertus Durer. Nur. Faciebat.
B. M. F. V. V.
M. D. XXIIII.

7 $\frac{1}{2}$ Z. hoch, 4 $\frac{3}{4}$ Z. breit.

A) Copie der Gegenseite so etwas geringe.

B.) Copie der Originalseite so einen Z. kürzer und
schmähler ist, der Verfertiger hat seinen Nahmen
unten mit C. Fritzsch. Sculps. Hamb. zugesetzt.

Bilibaldus Pirkeymheri.

No. 66. Dieses Gelehrten Portrait in blosem
Kopf, mehr nach der Rechten sehend, in einem
grossen Pelzrock. Unter ihm in einem grossen
länglichen Viereck liest man:

Bilibaldi. Pirkeymheri Effigies
Aetatis. suae. Anno L. III.
Vivitur. ingenio. Caetera Mortis.
Erunt.
M. D. XX. IV.   AD.

6 $\frac{3}{4}$ Z. hoch, 4 $\frac{1}{2}$ Z. breit.

E 4   A.)

A.) Copie, welche kaum vom Original zu unterscheiden ist, an dem etwas gröbern Stich erkennt man solche.

B.) Copie der Gegenseite so sehr geringe und auch ohne einige Nahmensbezeichnung ist.

C.) Copie der Originalseite, welche vor dem Titulblatt des teutschen Merkur No. 6. des Monats Junii 1776 stehet.

Philipp Melanchthon.

No. 67. Melanchthon mit blosem Haupt wendet sein bärtiges Antlitz nach der Linken, sein Hemd und Rockkragen stehen dermassen offen, daß ihm der Hals frey zu sehen ist. In dem länglichten Viereck unter ihm liest man:

1526.

Viventis. Potuit. Durerius. Ora. Philippi
Mentem. Non. Potuit. Pingere Docta.
Manus.
AD.

6½ 3. hoch, 5 3. breit.

Erasmus Roterodamus. *

No. 68. Dieser sehr gelehrte Mann stehet in einer Mütze und einem grossen weiten Rock von der Linken gegen die Rechte vor einem steinernen

C 4   Tisch

---

* Desiderius Erasmus wurde zu Rotterdam ausser der Ehe Anno 1467. den 28ten October gebohren, und starb Anno 1536. den 12ten Julii als ein grosser öffentlicher Lehrer in Basel.

Tisch auf welchem ein Topf mit Blumen, vor dem
Melanchthon aber ein Pult stehet der mit einem
Buch und Bogen Papier belegt ist, auf welchem
er beide Hände liegen hat mit deren rechten er schreibt,
in der linken aber das Dintenfaß hält. Im Vor=
grund erblickt man ein grosses aufgeschlagenes Buch
und diesem zur linken noch fünf andern durch ein=
ander geworfene Folianten. Auf der oben im
rechten Eck angebrachten Tafel liest man auf weis=
sem Grund folgendes:

Jmago. Erasmi. Roteroda-
mi. Ab. Alberto. Durero Ad
Vivam, Effigiem, Delineata.
ΤΗΝ. ΚΡΕΙΤΤΩ. ΤΑ. ΣΥΓΓΡΑΜ
ΜΑΤΑ. ΔΕΙΞΕΙ
M. DXXVI.
AD.
Es ist ein seltenes und theures Blatt.
9½3. hoch, 7½3. breit.

Fantaſie-Stücke.

Die kleine Fortuna.

No. 69. Eine nackigte Weibsperſon, welche auf einer Kugel nach der Rechten ſtehet über deren Schulter ſie auch einen Schleyer hängen hat. Die linke Hand ſtützt ſie auf einen langen Stock worinnen ſie zugleich eine Diſtel hält, zu unterſt in der Mitten ſtehet das Zeichen AD.

4½ Z. hoch, 2½ Z. breit.

A.) Copie der Gegenſeite.

B.) Copie der Gegenſeite ſo von der Zahl der ſchlechten Nürnberger iſt.

Türk und Türkin.

No. 70. Ein ältlicher Türk nach der Rechten in einem groſſen langen Mantel ſtehend, in deren Hand er auch einen Bogen und zwey Pfeile hält, ſeine junge Frau gehet hinter ihm und trägt im rechten Arm ein halb nackentes kleines Kind. Unten in der Mitte erblickt man das AD. Rar.

4 Z. hoch, 3 Z. breit.

Eine Nürnberger Copie hiervon von der Gegenſeite.

Der beſofne Landsknecht mit ſeiner Frau.

No. 71. Zwey Perſonen gehen hier von der linken nach der Rechten. Der Mann in bloſem ſtrublichten Kopf hebt die rechte Hand in die Höhe, mit

mit einem Gürtel um die Lenden, daran hängendem Säbel und einem kurzen Wams wendet er sich in greischender und wilder Gesichts-Bildung gegen seine linker Seite stehende Frau, welche in einem langen Quant beide Hände vor sich creutzweiß liegen hat, zu ihren Füssen stehet das gewöhnliche AD.

4 ¾ 3. hoch, 3 ½ 3. breit.

A.) Copie der Original-Seite, an dem darauf stehenden 1565 IHWÆ 17 erkennt man den Wierx.

B.) Copie der Gegenseite.

C.) Copie der Originalseite Nürnberger Arbeit.

Die drey Bauern.

No. 72. Drey stehende Bauern, wovon der rechter Seite einen Korb mit Eyer, linker Seite der aber einen Sack auf der Schulter und ein stehendes Schwerd in der linken Hand hält, der hintere in der Mitten stehende aber zeigt sich in einem starken Schnur- und Knie-Bart. Im mitten Vorgrund sieht man das AD. Rar.

4 3. hoch, 3 3. breit.

A.) Copie mit HM. 1526. bezeichnet.

B.) Copie der Original-Seite von der Nürnberger Hand.

Koch und Köchin.

No. 73. Beide Personen gehen nach der rechten Seite, in deren Hand der dicke Mann im blosen

sen

sen Kopf auch die Pfanne und Kochlöffel hält, auf der linken Schulter hat er eine Taube sitzen die ihm nach dem Mund pickt. Seine in ein ziemlich weites Quant mit einem nach damahliger Zeit gebräuchlichen Kopf=Putz zu seiner linken stehende Frau legt vor sich beide Hände übereinander zu ihren Füssen aber stehet das gewöhnliche AD. Rar.

4 ½ Z. hoch, 3 Z. breit.

Eine Nürnberger Copie von der Gegenseite hiervon.

Die Gerechtigkeit.*

No. 74. Eine Frau mit einem doppelten Schein um das Haupt und einem um die Schultern hängenden weitläuftigen Quant sitzt auf einem nach der Rechten stehenden Löwen, in deren ausgestreckten Hand sie ein Schwerd hält, in der linken aber eine Wage, mitten unten stehet AD.

4 Z. hoch, 3 Z. breit.

Eine Copie hiervon bezeichnet I R W.

Beide Blätter, Original und Copien seynd überaus rar und haben sich fast ganz vergriffen.

Die

---

* Ich begreiffe nicht warum man dieses Bild beständig als eine Vorstellung aus der Offenb. Joh. angesehen hat, ich habe solche dieserwegen zweymahl durchlesen, da ich aber nirgend nur damit übereinkommende Spuren gefunden, so wiese ihm statt dem neuen Testament seinen vielmehr gegründeten Platz hier unter die Fantasie=Stücke an.

Die Hexe.

No. 75. Ein nackigtes Weibsbild mit fliegenden Haaren sitzt hinter sich, auf einem durch die Luft nach der Linken schwebenden Bock.mit deren Hand sie sich an eines seiner Hörner, in der Rechten aber einen Spinnrocken hält. Vor ihr her scheint Haagel zu fliegen, unter ihr aber erblickt man vier Kinder, das rechter Seite trägt eine Garten=Scherbe auf der Achsel und einen Stock in der Hand, das linker Seite hält ein Gefäß unter sich woraus Wasser lauft, das dritte überstürzt sich, und das vierte sitzt auf der Erde und langt nach einem Stöcklein. Zu unterst erblickt man das gewöhnliche A mit einem ungewöhnlichen verkehrten G. darinnen.

$4\frac{1}{2}$ Z. hoch, $2\frac{3}{4}$ Z. breit.

Die drey geflügelte Kinder.

No. 76. Drey geflügelte nackigte Kinder wovon zwey einen stehenden leeren Schild und ein jedes eine Trompete in die Höhe halten worauf sie blasen, das dritte welches nach der Linken fliehet, hält einen grossen Helm, zu unterst aber erblickt man das AD. Rar.

Eine Copie der Originalseite hiervon, in einem Eck Æ 12. im andern 1565. bezeichnet.

Der tanzende Bauer und Bäuerin.

No. 77. Der tanzende Bauer im blosen Kopf streckt seine linke Hand in die Höhe, mit der rechten aber hält er seines mit ihm tanzenden Weibes

lin

linke Hand, welche mit ihrer rechten nach ei=
nem an ihrer Seite hängenden Beutel Messer=
Scheide und Gebund Schlüssel greift. Oben in
der Mitte des Blatts stehet $\frac{1514}{AD}$

$4\frac{1}{2}$ Z. hoch, 3 Z. breit.

A.) Copie der Originalseite, bezeichnet Æ 12.

B.) Copie der Gegenseite, Nürnberger Stich.

C.) Copie 4to Format von Hopfer mit No.
13 bezeichnet.

Der Dudelsack=Pfeiffer.

No. 78. Ein Mann mit einer Kappe auf
dem Kopf stehet auf dem linken Fuß wieder einem
Baum angelehnt, vor sich hält er einen Dudelsack,
auf welchem er mit beiden Händen spielt, eine ha=
rigte Tasche und grosses Messer hangen an seiner
linken Seite, unten aber vor ihm erblickt man
$\frac{1514}{AD}$

4 Z. hoch, $2\frac{1}{2}$ Z. breit.

A.) Copie der Gegenseite mit Æ 14

B.) Copie auch der Gegenseite.

C.) Copie auch von dito Nürnberger Stich.

Der Mark=Bauer und Bäuerin.

No. 79. Beide Personen stehen nach der
Rechten, wohin der vornen stehende Mann auch
selbige Hand ausstreckt mit der linken aber seine
Kappe hält. Die weite Stiefel, der an dem Eln=
bogen

bogen verriſſene, kurze Rock mit umgegürtetem
Schwerd und der bloſe Kopf tragen vieles zu ſeiner
ohnedem lächerlichen Geſichtsbildung bey. Die
alte auf der Rechten ſtehende Frau hat mancherley über die Schulter und um den Leib hangen,
mit der linken Hand hält ſie zwey Hühner und vor
ihr ſtehet ein Krug nebſt einem Korb voll Eyer.
Zwiſchen beiden oben bemerkt man 1512 unten auf
einem Stein aber AD.

4 ½ Z. hoch, 3 Z. breit.

A.) Copie der Original-Seite.

B.) Copie der Gegenſeit, aber ohne Jahrzahl.

Der kleine Satyr.

No. 80. In einer Wildniß liegt linker Hand
ein nackigtes Weibsbild auf einem Thierfell mit
deren Hand ſie auch den Kopf des bloſen zwiſchen
ihren Füſſen liegenden Kindes unterſtützet, während ſie ſich mit der rechten Hand an den Aſt eines
Baumes hält, auf deren Seite auch ein gehörnter
Satyr mit einer Pfeife ſtehet. An einem Baum
linker Seite hängt ein Täfelein mit 1505 AD

4 ½ Z. hoch, 3 Z. breit.

A.) Copie ſo Knorr als ſehr fein angiebt.

B.) Copie verkehrter Seite, Nürnberger
Arbeit.

C.) Copie etwas gröſſern Formats, bezeichnet IH. 161.

Mann,

Mann, Frau und Hirsch.

No. 81. Rechter Seite stehet ein grosser nackigter Mann welcher um seine zerstreute Haare einen Lorbeerkranz, von seiner rechten Schulter aber einen Köcher mit Pfeilen hängen hat, nach der linken schießt er ein dergleichen vom Bogen ab, auf welcher Seite auch seine nackigte Frau sitzt die ihre rechte Hand auf den Kopf eines vor ihr stehenden Hirsches legt, in der linken aber etwas Heu hält, auf welcher Seite im Vorgrund auch ein Zettelgen mit AD angebracht ist.

4 $\frac{1}{2}$ Z. hoch, 2 $\frac{3}{4}$ Z. breit.

A) Copie der Gegenseite bezeichnet $\begin{smallmatrix}1578.\\PM\end{smallmatrix}$

B) Copie auch der Gegenseite Nürnberger Stich

Der Fähndrich.

No. 82. Eine nach sehr alter Art gekleidete Figur stehet in blosem Kopf, in der rechten Hand hält er eine Fahne, mit der linken aber greift er nach seinem an der Seite hangenden Schwerd. In der Ferne siehet man die ofne See und auf einem alten Baum-Stumpf ein Täfelgen mit AD liegen.

4 $\frac{1}{2}$ Z. hoch, 2 $\frac{3}{4}$ Z. breit.
Eine Copie der Originalseite hiervon.

Die reitende Frau.

No. 83. Eine Weibsperson auf der linken Seite eines mit einer grossen Deck überlegten Pferdes sitzend, mit deren Hand sie es auch im Zaum hält,

hält, auf ihrem Kopf hat sie eine Kappe mit einem
grossen Federbusch. Die rechte Hand legt sie auf
die Schulter eines auf dieser Seite stehenden Kriegs-
manns welcher auch eine Partisane auf selbiger
Schulter hält. In der Ferne erblickt man eine
Landschaft, im Vorgrund mitten unten aber AD.
Rar.

4 Z. hoch, 3 Z. breit.
Eine Copie hiervon, Knorr giebt sie an.

Der galopirende Reuter.

No. 84. Ein Kriegsmann sitzt auf einem gegen die rechte Seite springenden Pferd, in deren
Hand er eine Peitsche, mit der linken aber den Zaum
hält, hinter welcher sein umgegürtetes Schwerd
hängt. In der Ferne siehet man Waldung, Landschaft und ein Berg-Schloß, im Vorgrund Gras,
stumpfe Bäume und das AD. Es ist ein seltenes
Blatt.

4 Z. hoch, 3 Z. breit.
Eine Copie hiervon.

Der kniende Ritter.

No. 85. Hinter einem ledig wiehrenden nach
der linken stehenden Pferd siehet man einen im Be-
griff seyend sich niederknienden ganz geharnischten
Ritter, warum er aber am Helm und den beiden
Füssen geflügelt ist weiß ich nicht, über seine linke Schulter hält er eine Partisane. Im Hintergrund bemerkt man einen grossen gesprengten Bo-

D.   gen

gen durch deſſen Mitte ein hohes Gemäuer ragt, auf welchem eine Kohlpfanne mit dampfendem Feuer, oben darüber aber 1505 ſtehet, unten auf einem Stein hat Dürer ſein AD angebracht.

6 Z. hoch, 4 Z. breit.

Eine ſchöne Copie der Gegenſeite hiervon, in deſſen rechten Eck ließt man I. H. W. Æ. 17.

Wierx

Der ſtehende Ritter.

No: 86. Hinter einem gezäumten nach der Rechten ſich wendenten Pferde ſiehet man einen geharniſchten Ritter in Stiefel ſtehen, mit einer groſſen Partiſane in der Hand. Auf rechter Seite erblickt man eine runde Säule, im Hintergrund viele Rudera, oben darüber 1505. unten im linken Eck aber das gewöhnliche AD

6 ½ Z. hoch, 4 ½ Z. breit.

Die Misgeburt einer Sau. *

No. 87. Ich beſitze eine geſchriebene Nürnberger Chronick ſo vom Jahr 1138 anfangt und bis Anno 1504 gehet, in welcher zu mehrerer Aufklärung dieſes Thiers folgendes zu leſen iſt.

„Im 1496 Jar wart ein wunderlich ſau in „Dorf

---

* Man verzeihe mir, daß ich dieſe Mißgeburt in die Reihe der Fantaſie-Stücke mit eingeſchaltet habe. Wäre es wohl ſchicklich geweſen eines einzigen Blatts willen einen ganz abſonderlichen Abſchnitt zu machen.

„Dorf Landſee geboren mit ein Haubt 4 oren
„2 leib 8 füeß auf den 6 ſtundt ſie mit den an-
„dern 2 wart ſie vmfangen vmb den leib vnd
„hete 2 Zungen.‟

Aus allem dieſem iſt leicht zu erkennen, daß
die Beſchreibung von eben dieſer Mißgeburt ſpricht,
welche Dürer hier in Kupfer gebracht und der
Nachwelt erhalten hat. Da ſolche nun oben um-
ſtändlich genug gegeben iſt, ſo finde dabey weiter nichts zu erinnern nöthig, als daß die Sau
auf Dürers Kuferſtich nach der linken ſtehet, das
hinten im Proſpect zu ſehende Gebürg und See
nach der Natur, das rechter Seits liegende Dorf
aber das erwehnt Dorf Landſee bey Nürnberg
ſeye, und daß im Vorgrund mitten unten das
AD ſtehet und zugleich ein ſeltenes Blatt iſt.

4 ¼ Z. hoch, 5 Z. lang.

NB. In allen Beſchreibungen Düreriſcher
Blätter wird der vier Hexen immer als ſein erſtes
Blatt gedacht, die Folge nicht allein wird dieſes
wiederſprechen, ſondern ſogar die Mißgeburt thut
ſolches. Die Chronick ſagt Ao. 1496. ſeye das
Thier geworfen worden, mithin iſt der Stich ſchön
ein Jahr älter als die Hexen: Es ſtehet nehmlich
zu vermuthen, daß die Eigenthümer dieſe Sau als
ein Wunder, ſo ſeiner Geſtalt nach nur kurze Zeit
leben konnte gleich in ſelbigem Jahr von Dürer haben verfertigen laſſen, um es in der weiten Welt
deſto beſſer und begreiflicher verbreiten zu können.
Am Stich iſt ferner zu erkennen, daß es keine der

D 2
er-

ersten Arbeiten unseres Dürers ist, sondern daß
es viel geringere von ihm giebt, wie zum Bey=
spiel Joseph und Maria unter No. 45, an wel=
chem zugleich das seltsame Zeichen einen Beweiß
ablegt. Ich vermuthe demnach nicht ohne Grund,
daß unter seinen Blättern ohne Jahrzahl manche
sich befinden, so in seiner Lehre von ihm verferti=
get worden, und also sicherlich noch eher als im
1496. Jahr erschienen seyn.

Die Räuber=Bande.

No. 88. Der wunderliche Auftritt in wel=
chem alle sechs auf diesem Blatt zu sehende Figuren
erscheinen, hat mich zu dieser Benennung bewegt.
Die Haupt= oder mitten stehende Person, macht
mich nach der Bildung vermuthen, daß es Dü=
rern selbsten vorstellen soll, welcher auf einer Reise
von Räuber oder entloffenen Soldaten überfallen
worden, die er durch mündlich vernünftige Vor=
stellungen auf bessere Wege zu leiten sucht, seine
linke ausgestreckte Hand gegen den daselbst stehen=
den Bursch mit langen hängenden Federbüschen
von seiner Pelzkappe, in beiden Händen eine Par=
tisane haltend, welcher ihm mit Aufmerksamkeit
zuhört, bestättiget es in etwas. Die zwey rech=
ter Hand, wovon der vordere im über sich zuge=
schlagenen Mantel und hohen Feder auf der Kappe
sein Reißgefährte zu seyn scheint, spricht ebenfalls
mit dem hinter ihm befindlichen Kerl im unter dem
Kien zugebundenen Huth, und übrigens einer sehr
ver=

verdächtigen Gesichts-Bildung, womit zugleich
diejenige des vom Felsen herunter reitenden Alten
übereinkommt, dessen und des vor ihm hergehen-
den bewaffneten Anzug mit der Historie ebenfalls
viele Uebereinkunft hat. Der hintere Grund stellt
Waldung, Gebürg, und ofnes Gewässer vor,
das gewöhnliche AD aber, erblickt man mitten unten. Seltenheit wegen, gehöret es mit unter die
raren Blätter.

5 Z. hoch, 5 ½ Z. lang.

Mann, Frau und Tod.

No. 89. Zwey Personen gehen nach der rechten Seite, die auf der linken befindliche Frau in
langem schweifendem Leibrock und sonderbahr hinten in die Höhe aufsteigenden modellirten Kopfputz, hat beide mit Handschuh versehene Hände vor
sich creutzweiß über einander liegen. Der Rechts
die Frau ansehende Mann, giebt durch die ebenfalls nach bemeldter Seite ausstreckende Hand zu
erkennen, daß er in Unterredung mit ihr ist. Die
große Feder auf seiner Kappe, der nachläßig über
die Brust zugeknöpfte Mantel und sein vor ihm
steckendes Schwerd sollen vermuthlich Zeugen seines
höheren Standes, der linker Seite hinter einem
Baum hervorsehende Tod aber mit der Sanduhr
auf dem Kopf eine Anspielung des gar geschwind
vergänglichen menschlichen Lebens, auch mitten in
der angenehmsten Unterhaltung seyn. Der ganze

D 4 Hin-

Hintergrund stellt eine sehr reiche Landschaft vor, das gewöhnliche AD nimmt man mitten unten wahr.

$7\frac{1}{2}$ Z. hoch, $4\frac{3}{4}$ Z. breit.

A.) Copie der Gegenseite.

B.) Copie, H. S. bezeichnet.

Die Träume.

No. 90. Nichts ist einleuchtender als dieses Stück. Eine vor einem hohen rechter Seite stehenden Ofen etwas sitzende ältliche Person, hat ihren Kopf auf einem Kissen liegen, während sie schlaft bläßt ihr der Teufel mit einem Blasebalg ins Ohr, vor ihr stehet ein grosses nackigtes Weibsmensch mit fliegenden Haaren, so einen Schleyer über den rechts ausstreckenden Arm liegen hat. Im Vorgrund gehet der Cupido auf Stelzen, neben ihm liegt eine Kugel und gleich dabey erblickt man das AD. Alle diese um die schlafende Person wandlende Figuren seynd die deutlichsten Zeugen auf welche mancherley Weise der Mensch im Schlaf erschreckt oder vergnügt wird, so geschwind nun eine Kugel durch die Luft fliehet, mit eben solcher Geschwindigkeit verfliehen die Träume. Es ist eins der allerseltensten Blätter Dürers.

$7\frac{1}{2}$ Z. hoch, $4\frac{1}{2}$ Z. breit.

A.) Knorr giebt dieses nehmliche Blatt an, ohne Dürers Zeichen, es stünde ein W. darauf; Wohlgemuth muß also der erste Erfinder davon gewesen seyn.

B.) Copie der Gegenseite.

Die

Die vier Hexen.

No. 91. Vier nackigte bey einander stehende
Weibspersonen in einem Zimmer, wovon eine mit
einem Cranz gekrönet, die übrigen drey aber Schleyer
auf ihren Köpfen haben. In einem neben dem
Zimmer Rechts stehenden Gemach siehet man eine
höllische Furie in Flammen, welche eine Zange,
oder vielmehr einen Kloben, womit man Vögel
fängt, in Klauen hält. Bey dem einen Weibs=
bild liegt ein Todtenkopf nebst einem Menschen=
knochen. Oben an der Decke der Zimmers hängt
eine Kugel auf welche die Jahrzahl 1497. und dar=
unter an einem Ring der um die Kugel gehet, die
Buchstaben O. G. H. im mitten Vorgrund aber
das gewöhnliche AD. stehet.

7 Z. hoch, 5 Z. breit.

A.) Ich besitze dieses Blatt von der nehmlichen
Seite mit dem Buchstaben W. bezeichnet, Wohl=
gemuth hat es also verfertigt, und Dürer nach
ihm, nicht aber nach Israel von Mecheln copirt,
wie solches von Heinecken in seinen Nachrichten
von Künstler und Kunst=Sachen part. I. pag.
287 vermuthet. Der Gedanke, als wann es
Dürers erstes Blatt wegen der Jahrzahl 1497.
wäre, fällt also schlechterdings weg, indeme des
Wohlgemuth seines auch damit bezeichnet ist, vom
Dürer aber erst nachhero und folglich in spätern
Zeiten verfertiget worden. Ueberhaupt ist es lächer=
lich Dürers Blätter nach der Jahrzahl ohne Rück=
sicht aufs Geist= oder Weltlich=Historische zu neh=

D 4   men

men, wären alle und jede seine Blätter damit be=
zeichnet, so ließe es noch gelten, so aber hat er
wohl das Drittel ohne Jahrzahl herausgegeben,
wo sollen diese nun eingeschaltet werden? apart.wie
beym Schöber? da bleibt und kommt man dann
in eine schöne Ordnung. Mithin wird ein jeder
Liebhaber leicht einsehen, daß meine systematische
Einrichtung ohne Rücksicht mit oder ohne Jahr=
zahl die bequemste, sicherste und also die Beste ist.

B.) Copie ohne alle Nahmensbezeichnung.

C.) Copie mit H. S. und der Jahrzahl 1498.

Das Wappen mit dem Hahnen.

No. 92. Ein großes Wappen mit vielem Laub=
werk und einem verdeckten Helm, auf welchem ein
Hahn nach der Linken mit ausgebreiteten Flügeln
stehet. In dem Schild ist ein auch nach der Lin=
ken aufrecht stehender Löwe, neben diesem aber das
Zeichen AD zu erblicken. Es ist ein rar und theu=
res Blatt:

$7\frac{1}{2}$ Z. hoch, $4\frac{1}{2}$ Z. breit.

Das Wappen mit dem Todtenkopf. *

No. 93. Ein großes Wappen mit einem To=
dtenkopf in dem nach der Rechten schreg stehenden
Schild

---

* Pag. 82. giebt Schöber noch ein Wappen von
1504 an, da ich dieses Wappen aber niemahlen
einzel, sondern nur vor Dürers Buch betittelt,
etliche Unterricht zu Befestigung der Städt, Schloß
und Flecken. Nürnb. 1527. in dem Oct. gedruckt
gesehen, so kounte es auch hier in die Ordnung
nicht mit einrücken.

Schild, und sehr grossen doppelten Flüglen über dem verdeckten Helm. Es wird von einem wilden Mann an einem Riemen, welcher über eine Gabel von einem Baumzweig lauft, gehalten. Vor diesem Mann stehet eine Weibsperson, welche mit langen Kleidern angethan ist, und einen Brautcranz auf dem Kopf hat, mit der rechten Hand hält sie das Hindertheil ihres Rocks in die Höhe, während der alte Wilde ihr ins linke Ohr spricht. Unten auf einem Stein liegt ein Täfelgen mit AD an dem Stein aber steht 1503. Es ist ebenfalls ein rares aber auch ein sehr schönes Blatt.

$8 \frac{1}{2}$ Z. hoch, 6 Z. breit.

Ritter, Tod, und Teufel.

No. 94. Ein geharnischter Mann auf einem nach der Rechten stehenden Pferd, welcher einen langen Spieß über selbige Achsel, mit der linken Hand aber den Zaum hält. Neben diesem reitet der Tod mit der Sanduhr auf einer Schindmere so eine Schelle am Hals hängen hat, seine abscheuliche Schlangencrone, der Geisbart und das schreckliche höllische Ungeheuer mit Hörner und Spieß so hinter ihm steht und mit der rechten Braße nach dem Ritter hackt; geben der ganzen Vorstellung einen gräßlichen Anblick, worzu der rechter Seite liegende Todenkopf die tödte Eydexe und der finstere Hund zwischen den Pferden nicht wenig beytragen. Im Hintergrund siehet man rauhe Felsen mit Hecken und Gesträuch nebst einem weitläuf=

D 5   tigen

tigen Berg = Schloß in der Ferne, so meines er=
achtens die Wohnung des Ritters nach der Na=
tur vorstellen soll, wie auch daß der Ritter selb=
sten nach dem Leben gebildet, das Beywesen aber
Sinnbilder und Folgen seiner gottlosen Lebensart
seynd und dahero seiner Zeit ein durchtriebener
Gast, ja vielleicht von einer noch jetzt lebenden gros=
sen adlichen Familie der Vor=Väter wohl mag ge=
wesen seyn. Das auf dem Täfelgen vor der Jahr=
zahl $\frac{1513}{AD}$ stehende ungewöhnliche S. macht mich
dahero auf die Deutung des Nahmens vermuthen,
dessen Auslegung andern überlasse.

9 ½ Z. hoch, 6 ½ Z. breit.

Copie der Gegenseite, statt Dürerischen Zeichen
hat Wierx 1564 ins Täfelgen oben ins rechte Eck
aber Æ. 15 gesetzt.

Die Melancholie.

No. 95. Eine sitzende geflügelte Weibsperson
so den Kopf mit der linken Hand hält und den
Arm auf das Knie stützt. Ihr Haupt ist mit
Laub gecrönet, in der rechten Hand hält sie einen
Cirkel, an ihrer Seite hängt ein Gebund Schlüssel
und darunter auf ihrem Rock liegt ein Beutel, vor
ihr eine Kugel, darhinter ein grosser schlafender
Hund und vielerley Werkzeug um sie, rechter
Seite der Figur sitzt ein geflügelter Genius auf
einem Mühlstein, an dem darhinter stehendem Ge=
bäu hängt eine Sanduhr und Glocke mit einem
Seil,

Seil, auf der vördern Seite aber eine Wäge. Unter der Glocke erblickt man den ehehin von Cornelius Agrippa, Theophraſtus und mehreren Gelehrten beſchriebenen magiſchen Quadrat, welchen ich ebenfalls auf ein dergleichen Thaler beſitze. An der hinderen Seite des Gebäudes ſtehet eine Leiter, zu unterſt derſelben liegt ein geometriſcher, auf allen Seiten fünf eckigter Cörper, gleich daran ſtehet ein Topf mit Feuer und darinnen ein Schmelz-Tiegel. Im Proſpect zeigt ſich die See, ein Regenbogen, darunter ein viel Strahlen werfender Stern, neben dieſem aber eine Speck- oder Fledermaus mit einem Zettel, worauf Melancolia I.

ſtehet, $^{1514}_{AD}$ erblickt man unten linker Seite auf einem Stein.

9½ Z. hoch, 6¼ Z. breit.

Hiervon eine Copie, ſo Clement de Jonghe geſtochen hat.

Der Meermann.

No. 96. Ein gehörnter Meermann mit einem langen Bart und ſchuppigten Schwanz, welcher ein nackigtes Weibsbild auf ſich liegen hat, und ſchwimmend davon führet. In dem linken Arm hält er ein Schild, von einer Schildkröte, ſo ihm mit einer Schnur um den Hals hänget, über welches ein Kienbacken hervorragt. Mit der rechten Hand hält er das Weib die nach dem Ufer ſiehet, alwo noch drey Weibsleute baden, ein Manns-
bild

bild aber in Türkischer Kleidung hebet daselbsten beide Hände schreckenvoll in die Höhe, während ein viertes Weib neben ihm in Ohnmacht liegt. Die Ferne stellet ein festes Berg=Schloß vor, an dessen Fuß ein Ort an einer ofnen See liegt. Mitten unten stehet das gewöhnliche AD.

9 ½ Z. hoch, 7 Z. breit.
Eine Copie hiervon.

Die Entführung, Eisenstich.

No. 97. Eine nacktigte Mannsperson auf einem nach der Linken springenden einhörnigten Pferd, welches jedoch mit gespaltenem Huf oder Ochsen=Klauen an den Füssen versehen ist, hält ein, mit rechtem Arm umfaßtes nacktigtes junges Weibsbild, so mit gräslichen Gebärden die beiden Arme ausstreckt. Im Prospect siehet man Felsen, ofnes Gewässer und eine Landschaft, oben in den Wolken aber

1516
AD stehen. Es ist eins der aller rarsten Blätter
Dürers.

12 Z. hoch, 8 Z. breit.
Copie so Hieronimus Hopfer davon verfertiget.

Der grosse Satyr.

No. 98. Ein grosser Satyr sitzt hier Rechts, in deren Hand er auch einen Kienbacken hält, auf das vor ihm auf einem weiten Quant liegende nacktigte Weib seine linke Hand stützend, während eine andere stehende in einen langen Rock gekleidete Frau und umschleyerten Haupt mit beiden aufge=

hobe=

hobenen Armen einen derben Prügel hält, ein vor
ihr stehend nackigter Mann aber den Schlag mit
einem ausgerissenen Baum in beiden Händen ab-
halten will, neben welchem der Cupido, so sein
Gewissen beym ganzen Auftritt, wie gewöhnlich
nicht frey wuste, mit einer Binde um den Leib und
einem Vogel in der lincken Hand, Versen-Geld
giebt.   Im Prospect bemerkt man rechts ein Berg-
schloß mit verschlosnem Thor, links hingegen eine
weite Ferne ins Gebürg und einer Brücke über
fliessendes Wasser, so nach einer Stadt führet.
Die vielen in der Mitte stehende hohe Bäume tragen übrigens vieles bey, daß das Ganze ein wil-
des Ansehen gewinnt.   Mitten unten hat Dürer
sein gewöhnliches AD angebracht, wie es dann
auch mit unter seine sehr raren Blätter gehöret.
   12 Z. hoch, 8½ Z. breit.
   Eine gute Copie der Gegenseite hiervon, welche sehr lange vor das Original gehalten worden,
bis sich erst vor kurzem auch dieser Irthum entdeckt
hat.

Die Canone, Eisenstich.

No. 99. Auf rechter Seite liegt eine grosse
Canone auf einer Lavette so mit dem Hintertheil auf
eine Achse mit zwey Räder befestiget ist.   Auf der
Canone selbst liegt ein Kriegsmann mit seinem linken Arm, mit der rechten aber hält er eine hohe
Partisane. Ein alter Türk mit noch vier dergleichen hinter sich, gehen von lincker Seite gegen die
                                    Canone,

Canone, der hinter der Achseftehende deutet mit ei=
nem Stock nach der Rechten, und scheinet mit den
vorerwehnten Personen zu sprechen. Im Hinter=
grund liegt ein Dorf und eine Wiese, worauf ein
Pferd weidet, der endliche Prospect beftehet in Ge=
bürg und ofnem Gewässer. Neben einem dicken
rechts stehenden Baum erblickt man oben im Eck
1518
AD

$8\frac{1}{2}$ Z. hoch, $12\frac{1}{2}$ Z. breit.
  Eine Copie der Originalseite hiervon, statt
Dürerischen Zeichen stehet I. H. darauf.

Die grosse Fortuna.

No. 100. Dürer hat hier ein sehr sinnreiches,
moralisches Bild vorgestellt. Der geflügelten For=
tuna gabe er den Becher des Glücks wohl in die
rechte Hand, in der linken ließ er sie aber auch zu=
gleich einen Zaum halten, um dadurch zu zeigen,
wie nothwendig es ist, bey verführenden Glück sich
zu bändigen und im Zaum zu halten. Die in
Wolken liegende Kugel worauf sie stehet, die=
net zum Sinnbild der Ungewißheit, indeme For=
tuna darauf niemahlen wegen der Runde festen
Boden hat, und dadurch also jeden täuscht der ihr
traut. Die untere Landschaft aber, so weit sie
nehmlich hell und bebaubt ist, zeigt wo Fortuna
regiere, da sähe es so überflüßig aus, in den hin=
tern dunklen Gegenden aber, wo ihr Licht nicht
leuchte, seye alles traurig und verlassen. Unten
im

im linken Eck stehet auf einem Täfelgen das gewöhnliche AD.

13 Z. hoch, 9 Z. breit.

A.) Copie hiervon, bezeichnet NαA.

B.) Copie der Gegenseite, ohngefehr halbe Grösse an welcher die Landschaft, etwas verändert und Pet. Quert bezeichnet ist, auch folgende Unterschrift hat:

OPVENTIA. *

Ne te dicipiat vanis opulentia rebus, Inycias
    frenum, velut orbita Iudit & ala.

Des redlichen Chronecks aus dem Spanischen des Christoval de Castillejo, übersetztes Gedicht gefällt mir über diese Materie so wohl, daß ich es Schönheit halber hier zum Ende auch noch in manch andern Betracht seines Inhalts anführen muß.

Das Glück und Amor.

Wie hart verfährt mit uns, das mächtige Ge-
                    schick!

Kaum fangen wir recht an zu leben,

So werden wir schon Amor und dem Glück

Zum Spielwerk übergeben,

                        Das

* Auf dem Kupferstich stehet würklich Opuentia und nicht Opulentia wie man vielleicht vermuthet, man rechne es demnach nicht als einen Fehler an.

Das Glück sieht selten gut; der kleine Gott ist
blind,

Das Glück täuscht wer ihm traut; auch er ist
ein Betrüger,

Es ist ein Thor, das Glück ist nicht viel klüger,

Kein Wunder wenn wir stets gequält und elend
sind,

Ist nicht das Glück ein Weib? ist Amor nicht
ein Kind?

ENDE.

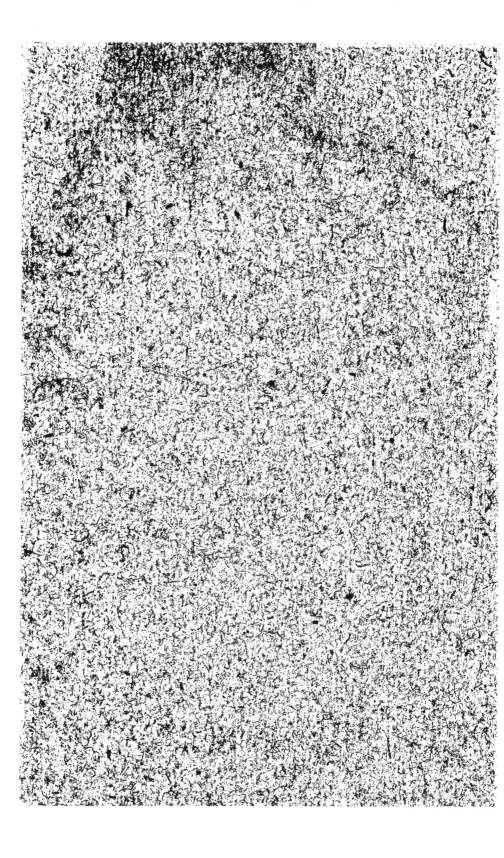

Lightning Source UK Ltd.
Milton Keynes UK
UKHW010608120219
337137UK00007B/1512/P